AF474376

V

NOTIONS

SUR LES

ARTS ET MÉTIERS

AVIS.

Tout exemplaire de cet ouvrage non revêtu de notre griffe, sera réputé contrefait.

L. Hachette et Cie

Paris. — Imprimerie Panckoucke, rue des Poitevins, 14.

NOTIONS

SUR LES

ARTS ET MÉTIERS

CONTENANT

L'EXPLICATION DES IMAGES

représentant les sujets suivants

LE MAÇON — LE MENUISIER — LE SERRURIER
LE CHARRON — LE CORDONNIER — LE TISSERAND — LE VANNIER
LE POTIER — L'IMPRIMEUR TYPOGRAPHE
L'IMPRIMEUR LITHOGRAPHE

À L'USAGE DES SALLES D'ASILE

PAR M. BOUCARD

L. HACHETTE ET Cie

LIBRAIRES DE L'UNIVERSITÉ ROYALE DE FRANCE

PARIS
RUE PIERRE-SARRAZIN, N° 12
(Quartier de l'École de médecine)

ALGER
RUE DE LA MARINE, N° 117
(Librairie centrale de la Méditerranée)

1848

NOTIONS
SUR LES
ARTS ET MÉTIERS.

LE MAÇON, LE TAILLEUR ET LE SCIEUR DE PIERRES.

[Planche 1]

Vous savez, mes petits amis, qu'on appelle *maçons* les ouvriers qui travaillent à la construction des maisons, des édifices, etc.; mais, parmi les gens de l'art, il y a quelques distinctions à faire.

Le *maçon* proprement dit, exécute les constructions en moellons, briques et autres matériaux à peu près analogues, en se servant de mortier de plâtre. Le *limousin* exécute les mêmes constructions, avec cette différence qu'il emploie le mortier de chaux et de sable. Ce nom, qui peut vous paraître singulier, vient de ce que presque tous les ouvriers qui le portent viennent effectivement de l'ancienne province du Limousin.

Les *tailleurs*, *scieurs*, *bordeurs* et *perceurs de pierres* sont des ouvriers spéciaux qui sont nécessaires pour les constructions en pierres de taille ou en pierres de grande dimension.

Nous allons successivement passer en revue le travail de ces divers ouvriers, afin de bien comprendre la distinction établie.

La maison qui est en construction sur l'image est en pierres de taille : vous pouvez distinguer dans la maçonnerie tous les joints qui sont bien réguliers; mais dans une maison il y a des cheminées, des plafonds, des séparations que l'on ne fait pas en pierres de taille; c'est pourquoi nous devons rencontrer là tous les ouvriers constructeurs, à commencer par le *maçon*, que vous voyez assis par terre, à droite, devant une auge en bois dans laquelle un manœuvre vide un sac de plâtre.

Le tailleur de pierres, le voyez-vous près de sa pierre, le maillet et le ciseau en main?

Le scieur n'est pas difficile à découvrir, c'est le seul des ouvriers qui ait un chapeau.

Quant au poseur de pierres, vous le voyez

à l'œuvre sur le mur; un manœuvre est en train de lui monter du mortier.

Les outils qu'emploïent les maçons sont les suivants :

1°. Des *auges* pour gâcher le plâtre. Ceci demande quelques explications. Le plâtre, mes enfants, est une pierre blanche ou jaunâtre que l'on rencontre dans le sein de la terre : quelquefois elle est terne, d'autres fois elle est cristalline ; on distingue même de petites lames minces qui ont la forme de fers de lance et que les enfants appellent pierre à Jésus. La pierre à bâtir ressemble beaucoup au plâtre ; mais il y a une grande différence chimique entre ces deux matières, qui contiennent toutes deux de la chaux, mais combinée avec deux matières différentes. Je ne puis entrer dans plus de détails, mes enfants ; mais, lorsque vous serez plus grands, vous pourrez comprendre ce qui aujourd'hui ne ferait que fatiguer vos petites têtes.

Le plâtre se rencontre donc dans le sein de la terre, comme je vous le disais tout à l'heure, et on l'exploite comme les carrières ordinaires, soit à ciel ouvert, soit par des travaux souterrains, comme à Montmartre près Paris. Le plâtre, tel qu'il sort de la carrière, ne peut être employé ni comme pierre de construction ni comme enduit; d'ailleurs, dans aucun cas, le plâtre ne peut être employé comme pierre de construction, parce qu'il se désagrége à l'air et qu'il peut en résulter de graves accidents; on a vu des maisons, bâties avec des pierres de gypse (c'est ainsi qu'on appelle le plâtre, tel qu'on le retire de la carrière), s'écrouler; l'administration, du reste, défend ce genre de construction.

Avant d'employer le gypse comme enduit, il est nécessaire de le cuire; pour cela, on forme avec les pierres, des voûtes sous lesquelles on allume du feu. Lorsque le gypse est cuit, il s'appelle plâtre, et il n'y a plus qu'à le réduire en poudre fine qu'on met dans des sacs. En mêlant cette poudre avec un peu d'eau, on en forme une bouillie qui, dans les constructions, sert à lier les matériaux entre eux, à cause de sa propriété de durcir promptement. C'est dans les auges en bois dont je viens de vous parler, que se prépare la bouillie; et cette opération s'appelle *gâcher le plâtre*. Continuons l'énumération des outils employés par le maçon et le limousin.

2°. Une *truelle* en cuivre jaune, qui sert tant à gâcher le plâtre qu'à l'employer, à dresser les joints, etc.; vous voyez que le poseur en tient une dans la main.

3°. Une *hachette* en fer, dont les extrémités acérées forment, l'une taillant, et l'autre marteau, et emmanchées en bois. Le maçon se sert de cet outil pour tailler les moellons et les mettre en place.

4°. Un *marteau* qui ne diffère de la hachette qu'en ce qu'il a une pointe au lieu d'un tranchant; il sert aux piochements, parements et autres ouvrages du même genre, que le maçon peut avoir à faire, soit pour les constructions, soit pour les démolitions.

5°. Des *taloches*, ou plaques en bois servant à étendre le plâtre sur les surfaces que l'on veut crépir ou enduire. Ainsi, lorsqu'on vient de construire une muraille en briques ou en moellons, il convient souvent de la revêtir extérieurement d'une couche de plâtre pour donner plus de solidité et plus d'apparence.

6°. Une *truelle brettelée*, espèce de racloir en fer à deux tranchants, dont l'un uni et l'autre brettelé ou en forme de scie, et qui sert à dresser les enduits d'abord à l'aide du tranchant dentelé, et ensuite au moyen du tranchant uni.

7°. Un *riflard*, autre espèce de racloir plus petit à un seul tranchant non dentelé, qui sert à dresser les angles rentrants ou saillants, les feuillures, etc. Le maçon qui est en train de gâcher du plâtre dans son auge, en tient un dans la main.

8°. Un *guillaume* ou *rabot* en bois qui sert à ébaucher les retours d'angle; il se compose de deux règles en bois assemblées à charnière, pour pouvoir faire varier l'angle qu'elles font entre elles.

9°. Un niveau en bois qui sert à prendre des nivellements ou des aplombs. Il se compose de quatre règles en bois assemblées entre elles et d'un petit cordon fixé à la traverse du haut, à l'extrémité duquel pend un petit morceau de plomb ou de cuivre; une raie est marquée au milieu de la traverse du bas. Lorsque l'on met l'instrument droit sur une muraille ou sur une pierre, il faut, pour qu'elle soit de niveau ou horizontale, que le fil corresponde bien avec l'entaille; si cela n'a pas lieu, l'on relève ou l'on baisse la pierre d'un côté jusqu'à ce que l'instrument indique qu'elle est bien nivelée. Vous pouvez voir ce niveau sur l'image, tout à fait à gauche et à terre. On appelle surface de niveau ou horizontale, une surface qui a la même position que celle de l'eau tranquille. La position diamétralement opposée est la position verticale; c'est celle que prend une corde suspendue par une de ses extrémités, et à l'autre extrémité de laquelle pend un poids quelconque. Si l'on bâtissait les maisons ou les murailles penchées, elles tomberaient d'elles-mêmes au moindre coup de vent : aussi les fait-on verticales; et, pour cela on se sert de l'outil suivant pour vérifier la verticalité.

10°. Un *plomb* : c'est un cordon à l'extrémité duquel est fixé un morceau de plomb rond; au haut est une petite rondelle métallique au milieu de laquelle passe le cordon. Il suffit, pour vérifier la verticalité d'un mur, d'appliquer un des côtés de la petite plaque ou rondelle contre chacune des deux parois du mur et de vérifier si le plomb s'écarte ou s'applique juste contre le mur; dans ce dernier cas, le mur est bien vertical, puisqu'il a la même direction que le plomb.

Enfin le maçon emploie des règles en bois pour voir si les surfaces sont bien planes ou unies; des calibres en bois pour la forme des moulures, etc.

Le limousin se sert, de même que le maçon, d'auges, mais plus petites; de truelles de même forme, mais en fer au lieu d'être en cuivre; et enfin de hachettes, marteaux, niveaux et plombs.

Il faut encore vous dire comment se fait le mortier de chaux et sable avec lequel le limousin construit, au lieu de plâtre.

La pierre à chaux que l'on emploie est de même nature que la pierre à bâtir, mais plus tendre; pour l'utiliser à faire du mortier, il faut lui faire subir quelques préparations. On commence par la cuire dans des fours spéciaux appelés fours à chaux; cette cuisson a pour but de chasser un gaz appelé acide carbonique qui entre dans la composition de la pierre calcaire; il ne reste plus après la cuisson que de la chaux sèche, qui est très-avide d'eau. On met cette chaux dans une fosse en bois ou en briques, et souvent même dans un petit bassin arrangé sur les côtés avec du sable, comme celui que vous voyez sur l'image; puis on l'arrose d'eau avec précaution : la chaux s'empare de l'eau, et l'action chimique est tellement vive que la chaux se fendille et tombe en poudre, et qu'il se développe une chaleur assez grande pour faire bouillonner l'eau; il est très-dangereux de tomber dans un tel bassin, dont on sortirait tout brûlé. Aussi vous devez vous rappeler, mes petits amis, que, lorsque vous jouez près d'une construction, les maçons vous éloignent toujours du bassin à chaux dans lequel vous pourriez tomber. Lorsque la chaux ne bouillonne plus, elle est *éteinte;* on la mélange alors avec le sable qui forme les bords du bassin, à l'aide d'un grand râble en bois : vous pouvez voir sur l'image, à gauche, un homme en bonnet blanc et qui est en train de faire le mortier. On forme alors les joints avec ce mortier, qui se durcit à l'air.

Vous remarquerez, mes enfants, que dans toutes les constructions, soit en pierres, soit en briques, les matériaux sont toujours placés par assises horizontales, et que les joints verticaux sont toujours croisés, c'est-à-dire que les joints verticaux d'une assise tombent entre les joints de l'assise inférieure; c'est pour donner plus de liaison et, par suite, plus de solidité aux constructions.

Passons maintenant au *scieur de pierres*. Lorsque les blocs de pierres arrivent de la carrière, ils sont généralement très-gros et à surfaces non unies, mais seulement ébauchées; il s'agit alors de débiter ces blocs en blocs plus petits pour les employer dans la construction et leur donner la forme qu'ils doivent avoir; le scieur de pierres est chargé du premier travail et le tailleur du second.

Les scies employées sont très-grandes et très-lourdes; les montants sont tirés par une tringle de fer; leur lame n'est pas dentelée; elles coupent la pierre par le frottement et par leur poids : le scieur imprime à la scie un mouvement de va et vient, en introduisant, de temps en temps, dans la fente, une eau mélangée de grès fin. Vous pouvez voir une cuiller en fer sur la pierre, elle sert à puiser l'eau dans le seau qui est à terre. Vous voyez une petite planchette en bois, placée contre la fente et un peu inclinée; c'est sur cette planchette que l'ouvrier jette l'eau chargée de sable qui s'introduit alors d'elle-même dans la fente.

Une fois les blocs débités, c'est au tailleur de pierres à leur donner la forme convenable à l'endroit où elles seront posées dans la construction.

Voici quels sont les outils qu'il emploie :

1°. La *pioche*, dont le fer est affilé en pointe par ses deux extrémités, sert à ébaucher.

2°. Le *marteau* a deux tranchants dont l'un, non dentelé, s'appelle hache et sert à terminer les *lits*, c'est-à-dire les faces qui formeront joint avec le mortier; l'autre, dentelé, qui sert à terminer les *parements* ou faces extérieures qui sont en vue.

3°. Le *maillet* et les *ciseaux*. Ce sont ces outils que le tailleur emploie sur l'image : ils servent à relever les *ciselures*, à établir les *arêtes* ou angles, à tailler les *moulures* et autres ornements.

4°. La *boucharde* est une petite masse carrée, taillée en pointes de diamants à ses extrémités, dont l'une est à dents plus fines que l'autre; elle sert à unir et planer les surfaces.

5°. La *ripe*, outil en fer qui sert à gratter les surfaces pour leur donner le dernier fini; il y en a qui ont la forme de moulures, pour terminer et finir celles-ci.

6°. L'*équerre*, outil en fer dont les deux règles forment un angle appelé droit. Vous voyez une équerre appuyée sur la pierre que l'ouvrier travaille; on l'applique sur les angles pour voir s'ils remplissent bien l'écartement des deux règles. Le tailleur se sert aussi de compas, de règles, etc.

7°. *Crics* et *pinces*. Le cric est une petite machine qui sert à remuer et à soulever de gros fardeaux. La pince est une barre en fer que l'on emploie dans le même but pour les fardeaux moins lourds.

Il serait bien long de vous expliquer la manière de tailler les pierres. Lorsque vous verrez un *tailleur de pierres*, demandez-lui poliment de vous donner une petite leçon détaillée, et il le fera avec plaisir; vous verrez alors comment il manie ses outils et combien il faut être adroit et attentif pour n'enlever aux pierres que juste ce qu'il faut, ni trop, ni trop peu.

Les maçons, limousins et poseurs se servent aussi d'un outil appelé *fiche*, pour bien faire entrer le mortier dans les joints profonds; c'est une lame de fer dentée de chaque côté. Pour travailler à la pose, les ouvriers se servent d'échafaudages, ce sont de longues perches plantées en terre et reliées à une certaine distance des murs par de petites poutrelles engagées dans le mur; on lie les perches et les poutrelles à l'aide de cordes; puis on établit des planches sur les poutrelles pour former un plancher sur lequel on dépose les briques, moellons ou mortier, que l'on monte à l'aide d'échelles ou de paniers attachés à une corde. Lorsqu'il s'agit de monter de grosses pierres, on se sert de machines appelées *chèvres* : ce sont deux montants assemblés au moyen d'une traverse; au haut, est une poulie mobile sur le boulon qui réunit les deux montants; puis, toujours entre les deux montants, est établi un *treuil* ou rouleau, que l'on fait tourner au moyen de manivelles et de roues d'engrenages; on passe une corde dans la gorge de la poulie, l'une des extrémités entoure la pierre à monter, et l'autre extrémité s'enroule autour du tambour du treuil; en tournant les manivelles, la pierre monte et on la détache pour la placer. Vous avez probablement vu de ces chèvres sans les remarquer. On emploie aussi dans le même but de grands mâts garnis de marches en fer, et garnis de poulies en haut; les chèvres et les mâts sont soutenus en l'air au moyen de trois ou quatre cordes qui partent du haut et viennent s'amarrer solidement à des arbres ou à des constructions terminées.

Questionnaire.

Quels sont les ouvriers qui construisent les murailles ou maisons en briques, moellons ou pierres de taille? — Que fait le maçon? — Que fait le limousin? — Que fait le scieur de pierres? — Que fait le tailleur de pierres? — De quels outils se sert le maçon? — Qu'est-ce qu'une auge? — Quel est son usage? — D'où vient le plâtre? — Comment transforme-t-on le gypse en plâtre? — A quoi sert la truelle? — Comment est faite la hachette? — A quoi sert-elle? — Comment est fait le marteau du maçon? — Comment le maçon applique-t-il les enduits? — Qu'est-ce qu'une truelle brettelée? — Qu'est-ce qu'un riflard? — Qu'est-ce qu'un guillaume ou rabot? — Comment est fait le niveau? — A quoi sert-il? — Qu'est-ce que la position horizontale ou de niveau? — Qu'est-ce que la position verticale? — Comment s'assure-t-on de la verticalité d'un mur? — Comment fait-on le mortier de chaux et de sable? — Comment le scieur de pierres s'y prend-il pour scier une pierre? — Comment la scie est-elle faite? — Quels sont les outils employés par le tailleur de pierres? — Comment sont-ils faits? — Quel est l'usage de chacun d'eux? — Comment monte-t-on les grosses pierres pour les poser sur les murs élevés?

LE MENUISIER.

[Planche 2]

—

Le bel *état* que celui de *menuisier !* Que de belles choses on fait avec le bois, et comme c'est amusant de raboter, de scier, de clouer ! Au moins on peut se tenir proprement : ce n'est pas comme le serrurier qui est tout noirci par la fumée du charbon, et comme le maçon toujours sali par le plâtre ou le mortier. En effet, le menuisier a toujours les mains propres, et ses vêtements ne sont pas salis par son travail ; mais, pour devenir bon menuisier, mes enfants, il faut bien travailler, et, si je voulais vous raconter tout ce que doit connaître cet ouvrier, nous n'aurions pas fini dans un an. En effet, n'est-ce pas lui qui contribue à la construction des maisons, des édifices publics ; c'est lui qui fait les escaliers, les portes, les fenêtres, les corniches, les parquets, les boiseries ; et, dans les églises, les stalles du chœur, les confessionnaux, les chaires à prêcher, etc.; dans notre intérieur, il nous fournit des meubles, tables, commodes, lits, fauteuils, chaises, bibliothèques, billards; enfin, dans les jardins, il construit des treillages et des berceaux. Il est rare, mes enfants, que le même menuisier sache faire toutes ces choses; chacune des parties de l'art de la menuiserie est d'ailleurs assez étendue pour occuper toute la carrière d'un homme.

Nous compterons donc six espèces de menuisiers, suivant le travail auquel ils se livreront :

1°. Le *menuisier proprement dit* : c'est celui qui fait la menuiserie de bâtisse, telle qu'escaliers, portes, fenêtres, persiennes, lambris, parquets, caisses à fleur, tables et bancs en bois ordinaire, et autres travaux du même genre. Je vous dirai tout de suite que la menuiserie de bâtisse se divise en menuiserie dormante ou fixe, et en menuiserie mobile, qui concerne les pièces que l'on met en mouvement, telles que portes, fenêtres, etc.;

2°. L'*ébéniste* est le menuisier qui fait les meubles de toute espèce, qu'il recouvre de placages en bois précieux, tels que l'ébène, l'acajou, etc.;

3°. Le *menuisier bâtonnier*, est celui qui s'occupe exclusivement de la fabrication des fauteuils, des chaises, des tabourets, des lits de sangle, etc.;

4°. Le *menuisier treillageur* ou menuisier des jardins;

5°. Le *menuisier sculpteur* : celui-là est artiste, et peut, quand il a du goût et du génie, faire les choses les plus sublimes. C'est ainsi que, dans toutes nos églises et surtout les vieilles, il y a toujours quelque chef-d'œuvre qui fait l'admiration des amateurs des arts.

J'aurais bien encore à vous parler du *menuisier tourneur*; mais ce n'est pas une espèce bien distincte, et tous les menuisiers savent tourner plus ou moins bien.

6°. Le *menuisier modeleur*; c'est celui qui doit être le plus savant des menuisiers : en effet, celui-ci fait les modèles en bois qui servent aux mouleurs pour couler en fonte ou en bronze les objets dont les plans sont remis aux menuisiers, les pièces de machine, les roues d'engrenage, etc. Il leur faut une grande habitude pour lire les dessins et bien les exécuter ; il leur faut, en outre, une grande précision.

Vous voyez, mes enfants, que, si je devais vous entretenir en détail de tous les genres de travaux de menuiserie, j'en aurais beaucoup à vous dire. Je vous parlerai donc d'abord de la menuiserie en général, et je vous donnerai seulement une idée de chacun des genres particuliers.

Le menuisier emploie pour ses travaux diverses espèces de bois, mais ces bois ne sont jamais verts ni récemment abattus, parce que la sécheresse, quand ils sont travaillés, les fait fendre et se tordre, ou *jouer*, en terme de l'art. Le menuisier doit donc avoir un magasin, dans lequel il laisse vieillir le bois. Les charpentiers scieurs de long sont chargés de débiter en planches les arbres abattus, et ce sont ces planches de différentes dimensions que le menuisier fait vieillir, ainsi que d'autres pièces plus fortes.

Je viens de vous prononcer le nom d'une profession dans laquelle on travaille aussi le bois, mais d'une manière bien distincte de celle des menuisiers. Je veux parler des *charpentiers* : ceux-ci font les gros ouvrages en bois, tels que les charpentes des maisons, des navires, etc., et là, alors, l'état devient une science profonde, qui demande bien des études. Revenons au menuisier.

Une fois que le scieur de long lui a débité ses poutres, il les range dans son magasin pour les faire sécher peu à peu, et s'en servir plus tard. Les bois le plus communément employés sont : le chêne, le sapin, le tilleul, le noyer et quelques autres. Enfin, le menuisier emploie aussi, mais plus rarement, le bois d'orme, de frêne, de hêtre, d'aune, de bouleau, de châtaignier, de charme, d'érable, de cormier, de peuplier, de tremble, etc.

Entrons dans la menuiserie et examinons les outils principaux à l'usage de l'ouvrier.

D'abord l'*établi* : c'est cette grosse table massive sur laquelle l'ouvrier travaille. Chaque menuisier a son établi à lui seul; il l'aime comme son compagnon de travail. Il y a de ces établis qui servent depuis plus de cinquante ans : aussi le vieux menuisier ne s'en séparerait-il pas sans de vifs regrets, et ne l'échangerait-il pas contre un établi neuf et plus commode.

Ainsi, lorsqu'un menuisier vous laissera jouer dans son atelier en touchant à ses outils (ce qu'il ne devrait pas faire, parce qu'un petit garçon peut se blesser dangereusement avec des outils qu'il n'a pas appris à manier), gardez-vous bien de toucher à son établi, il se brouillerait pour toujours avec vous.

Regardez bien l'*établi*, vous verrez que dans le bas il y a une table à rebords, sur laquelle il place beaucoup d'outils. Ensuite, contre l'un des montants, il y a une pièce en bois mobile qui s'écarte ou se rapproche de la table au moyen d'une grosse vis en bois : cette pièce sert à appliquer contre l'établi les pièces de bois que le menuisier travaille. Vous voyez encore sur la table un morceau de fer d'une forme particulière, et qui est logé dans un trou qui traverse la table : cet instrument très-utile s'appelle *valet*, il sert à serrer les pièces de bois que l'on a à scier ; on le relève avec la main, et l'on glisse sous la pièce la planche que l'on veut scier, puis, avec un bon coup de maillet, on frappe sur le valet, qui s'enfonce en serrant solidement le bois : la tige de l'instrument étant légèrement inclinée, frotte en haut et en bas du trou, et ce frottement est assez fort pour maintenir le valet dans la position qu'on lui a donnée.

La *scie* est un outil bien nécessaire, elle sert à diviser une pièce en plusieurs autres, et à couper les pièces trop longues. Le menuisier en a toujours plusieurs, les unes à grosses dents pour les gros travaux, et d'autres plus fines.

Le *rabot* ou *varlope*, se compose d'une petite pièce de bois longue et carrée, traversée par deux petites lames d'acier juxtaposées, et serrées l'une contre l'autre par un coin en bois qui entre à frottement dans une coulisse. Ces deux lames dépassent très-peu l'instrument, et, lorsque le menuisier le fait glisser contre le bois, le ciseau enlève de petits rubans de bois qui sortent par un œil qui traverse l'outil. Lorsque le menuisier veut enlever des copeaux plus épais, il donne un petit coup de marteau sur les ciseaux qui dépassent alors un peu plus. Le rabot sert à unir les surfaces et à enlever sur les contours les rugosités qu'a laissées la scie. L'ouvrier, pour s'en servir, pose la main gauche sur le bout de l'outil afin d'appuyer, et de la main droite il pousse et retire l'outil à l'aide d'une poignée. Bien entendu, l'outil ne coupe que dans un seul sens. Regardez sur la planche, au fond de la menuiserie, vous verrez plusieurs rabots. Voyez-vous les couteaux? voyez-vous l'œil par lequel passent les copeaux? voyez-vous aussi la poignée qui sert à manœuvrer l'outil? Il y a des rabots de toute espèce, de petits, de longs; il y en a dont les ciseaux sont courbes, et qui servent à faire des ornements ou des languettes pour les assemblages des boiseries, etc.

Le *ciseau* est un outil qui sert à entailler le bois : il se compose d'une lame d'acier tranchante par un bout, et dont l'autre extrémité est logée dans un manche en bois. On applique la lame sur le bois que l'on veut entailler, et, à coups de maillet sur le manche, on enlève de gros copeaux. Devant la croisée, vous pouvez voir une rangée de ciseaux.

La *hache* sert à tailler le bois pour dégrossir les pièces; elle sert aussi à fendre. Vous en voyez une appuyée contre un billot de bois, tout à fait à gauche et en avant.

Les *clous* servent à fixer les planches sur des montants ou des traverses. Ce sont des bouts de fil de fer pointus d'un côté et ayant une tête plate de l'autre.

Le *marteau* sert à enfoncer les clous : c'est une petite masse d'acier assemblée à un manche de bois. Vous connaissez tous cet outil, et vous vous êtes, du moins quelques-uns d'entre vous, amusés à enfoncer des clous; seulement, plus d'une fois, il vous est arrivé de vous frapper sur les doigts et d'enfoncer les clous tout de travers. C'est que tout s'apprend, mes enfants, et qu'il n'est rien de si simple, ni de si facile qui ne mérite un peu d'étude.

La *vrille* est une petite tige de fer, tortillée d'un bout, et ayant une petite tête en bois : elle sert à faire des trous dans le bois; à mesure qu'on la tourne, elle s'enfonce et pénètre; et, lorsqu'on la retire, elle laisse un trou qui sert à y enfoncer un gros clou, qui aurait probablement fait fendre le bois sans l'opération préalable de la vrille.

Le *vilebrequin* a du rapport avec la vrille : c'est un instrument qui sert aussi à pratiquer des trous dans le bois pour y enfoncer ordinairement des chevilles d'assemblage. Il se compose de trois parties : la boîte ou baril est l'endroit qui reçoit la mèche ou vrille que l'on veut faire pénétrer dans le bois; une petite vis de pression maintient la mèche dans le baril. La seconde partie est en bois et courbe. La troisième est une pomme plate que l'on appuie contre la poitrine, pour presser contre l'outil. La partie courbe sert à tourner pour faire pénétrer l'outil. Vous voyez un vilebrequin au fond de la menuiserie, accroché contre le mur sous la planche qui porte tous les rabots.

La *tenaille* sert à retirer les clous mal enfoncés dans le bois.

La *meule* est une pierre de grès que l'on fait tourner au moyen d'une manivelle ou avec le pied que l'on appuie contre une pédale; elle sert à aiguiser les outils tranchants de toute espèce. Vous pouvez voir cet instrument contre la cheminée; vous en avez déjà probablement vu dans les rues. Les couteliers et les repasseurs de couteaux et de ciseaux transportent leur meule sur un petit chariot.

Le *compas* se compose de deux tiges pointues assemblées ensemble, de manière qu'on puisse rapprocher ou écarter ces deux branches l'une de l'autre. Cet outil est indispensable dans toutes les industries pour prendre les mesures, et tracer des ronds ou circonférences:

on appuie pour cela l'une des pointes et l'on fait tourner l'autre tout autour. Vous pouvez voir un compas attaché contre le mur du fond de l'atelier, contre le coin à gauche.

La *râpe* est un outil en fer, fixé dans un manche de bois; sa surface est hérissée de petites aspérités régulières; on s'en sert pour polir le bois. Vous pouvez voir une râpe sur le premier établi.

Le menuisier se sert d'équerres, de règles, du niveau et du fil à plomb, et en fait le même usage que le maçon, quand il pose ses pièces en place.

Très-souvent, le menuisier emploie de la colle forte pour consolider les joints, pour faire des tiroirs, des cadres, etc. Il fait fondre la colle en la chauffant dans une petite marmite : c'est ce que fait un jeune apprenti; puis, quand la colle est liquide, le menuisier en applique dans les assemblages avec un petit pinceau; enfin pour serrer les joints, jusqu'à ce que la colle soit bien sèche, il se sert d'un instrument appelé *serre-joints*. Vous pouvez en voir plusieurs pendus à un clou contre la cheminée. A l'aide de la vis en bois on serre les joints.

Le menuisier emploie encore quelques petits outils, mais qui sont d'un usage peu fréquent; je ne vous en parlerai donc pas.

Les *menuisiers ébénistes* font les meubles qui servent, par leur grâce, à orner nos appartements. Autrefois, on fabriquait les meubles en bois précieux, tels que l'acajou, le palissandre, le courbaril, l'ébène, etc. : ces bois sont susceptibles d'un très-beau poli, et présentent à l'œil les couleurs les plus vives; mais, comme ils croissent dans les pays lointains, en Amérique, où il faut les aller chercher, ces bois coûtent fort cher, de sorte que les gens riches pouvaient seuls posséder les meubles construits avec ces beaux bois. Mais on a trouvé le moyen de scier à la mécanique des feuilles très-minces de bois, que l'on applique avec de la colle contre les meubles faits en bois de chêne ou autre bois; certaines pièces, comme les pieds de tables sont seulement faits en bois massif. On peut donc, par ce moyen, avoir des meubles aussi beaux en employant bien moins de bois fin.

Il y a quelques ébénistes qui se sont fait dans leur art une grande renommée. Ainsi, Boule était l'ébéniste à la mode sous le règne de Louis XIV ; Jacob Desmalter était le plus en renom du temps de Napoléon.

Le *menuisier tourneur* est ainsi appelé, parce qu'il se sert du tour pour façonner ses ouvrages. Il place la pièce de bois qu'il veut arrondir sur les deux pointes de son tour, et elle reçoit un mouvement accéléré de rotation sur elle-même, de sorte qu'à l'aide d'un outil tranchant, le tourneur enlève le bois en petits copeaux : c'est ainsi que, dans la main du tourneur, une bûche de bois devient une gracieuse colonne, un joli pied de table, etc. Il faut avoir du goût et de l'adresse pour être tourneur, et l'exercice du tour est très-amusant : plusieurs personnages élevés se sont livrés à ce travail pour prendre de la distraction.

Le *sculpteur en bois* est un artiste ; tout est goût chez-lui, et, selon son génie, il fait des statues, ou des scènes entières de l'histoire ou de l'église ; il y a surtout dans les églises des choses admirables sculptées en bois, des stalles de chœur, des confessionnaux, etc. Le sculpteur commence à dessiner ce qu'il veut faire, puis, à l'aide d'un ciseau rond, creusé en forme de demi-tuyau, et appelé *gouge*, il enlève le bois, et le creuse suivant son caprice. Il n'y a rien de plus amusant que de voir travailler un habile sculpteur : en quelques instants il a achevé une tête, et un morceau brut de bois s'est transformé en tête d'ange qui excite l'admiration.

Les bois généralement employés dans la sculpture, sont : le chêne et le châtaignier pour les grandes pièces ; le cormier et le poirier pour les plus petites ; pour les ouvrages délicats, on emploie le tilleul et le buis. Il faut surtout employer ces bois bien secs et longtemps après qu'ils ont été abattus, sans quoi ils se fendraient et se tordraient après le travail.

Avant de terminer ce que j'avais à vous dire du menuisier, il faut que je répare un oubli : parmi les instruments du menuisier, je ne vous ai pas parlé du *mètre;* c'est une règle qui a la longueur d'un mètre et qui est subdivisée en dix parties bien égales que l'on appelle décimètres, chacune de ces dix parties est partagée en dix autres que l'on appelle centimètres, enfin chaque centimètre est divisé en dix millimètres. Vous ne verrez jamais marcher le menuisier sans son mètre ou double mètre, afin de prendre ses mesures. Le mètre est, du reste, indispensable dans toutes les industries : le maçon a le sien, le forgeron aussi.

Questionnaire.

Que fait le menuisier en général, et qu'elle est la matière qu'il travaille? — Qu'appelle-t-on menuiserie dormante et menuiserie mobile? — Quels sont les objets principaux que fait le menuisier proprement dit? — Quels sont les travaux de l'ébéniste? — Que fait le menuisier bâtonnier? — Que fait le menuisier treillageur? — Que fait le menuisier sculpteur? — A quoi sert le menuisier modeleur? — Pourquoi les menuisiers ne travaillent-ils pas le bois nouvellement abattu? — Comment appelle-t-on l'ouvrier qui débite le bois en planches? — Quel est le genre de travail dont s'occupe le charpentier? — Qu'est-ce que l'établi? — Qu'est-ce que le valet? — A quoi sert-il? — A quoi sert la scie? — Comment est fait cet outil? — Comment est fait un rabot? — Quel est son usage? — Qu'est-ce que le ciseau? — Comment est faite une hache? — A quoi sert-elle? — A quoi servent les clous? — Avec quoi les enfonce-t-on? — Qu'est-ce que la vrille? — A quoi sert-elle? — A quoi sert le vilebrequin? — De quel outil se sert-on pour arracher un clou? — Avec quel instrument repasse-t-on les ciseaux? — Qu'est-ce qu'un compas? — Comment trace-t-on un cercle avec un compas? — Qu'est-ce qu'un serre-joints? — Comment l'ébéniste plaque-t-il ses meubles? — Quels sont les objets que fait le tourneur? — Quel est l'outil dont se servent les sculpteurs? — Qu'est-ce que le mètre? — Comment appelle-t-on la dixième, la centième, la millième partie d'un mètre?

LE SERRURIER.

[Planche 3]

—

Nous voici, mes enfants, devant un atelier de *serrurier;* voyons ce qu'on y fait et comment on y travaille le fer. Ne croyez pas que le serrurier ne fasse que des serrures; il fait bien d'autres choses, et l'énumération seule de ses travaux ordinaires nous prendrait plus d'une heure.

La serrurerie forme, avec la maçonnerie, la menuiserie et la charpente, les quatre grandes professions industrielles. Elle se subdivise en plusieurs sections : la *serrurerie en bâtiments*, la *serrurerie en voitures* et la *serrurerie en mécanique*. Dans chacune de ces divisions les ouvriers se partagent en deux classes, les *forgerons* et les *limeurs-ajusteurs;* il y a encore le *tourneur* pour la serrurerie mécanique.

Nous sommes ici chez un *serrurier en bâti-*

ments : c'est lui qui fait les grilles, les ferrures des portes, fenêtres, persiennes, les ferrements qui consolident les murs et les charpentes, les balcons, les rampes d'escalier, les girouettes, les paratonnerres; c'est aussi le serrurier en bâtiments qui fait les serrures et les verroux, pose les sonnettes, etc.

Le *serrurier en voitures* fait un genre de ferrures spéciales : c'est lui qui ferre les roues, pose les ressorts de suspension, etc.

Le *serrurier mécanicien* travaille aux machines : c'est lui qui fait les grosses horloges, les tournebroches pour cuisines, et qui exécute sur dessin toutes les pièces en fer qui entrent dans la construction des machines.

Nous nous occuperons du serrurier en bâtiments et nous commencerons par parler du forgeron, puisque c'est celui qui commence le travail du fer au feu et au marteau, pour le donner ensuite aux limeurs, qui le terminent à froid.

Un bon forgeron est rare et précieux; le but qu'il doit avoir devant les yeux c'est de travailler vite, d'économiser le fer et le charbon et d'approcher tellement de la forme que doit avoir la pièce qu'il travaille quand elle sera finie, qu'il ne laisse que peu de chose à faire au limeur-ajusteur. Le forgeron doit être robuste et d'une bonne santé, il doit avoir le coup d'œil juste et rapide, les mouvements prompts et, avec cette vivacité, beaucoup de calme, sans quoi il pourrait manquer ses pièces, mal commander ses aides. Vous concevez maintenant que les bons ouvriers forgerons, s'ils doivent avoir tant de qualités, doivent être rares. Il leur faut, en outre, beaucoup d'expérience et de pratique; vous savez que le proverbe dit : « C'est en forgeant qu'on devient forgeron. »

Pour que le fer devienne assez mou pour être travaillé au marteau, il faut le chauffer, et c'est la première chose que doit apprendre le forgeron : chauffer le fer. On se sert pour cela d'un foyer établi à une certaine hauteur et recouvert d'une hotte qui conduit la fumée au dehors. Ce foyer particulier s'appelle *forge* : vous en voyez une à droite sur l'image. La plate-forme en maçonnerie sur laquelle se place le charbon de bois ou la houille, s'appelle *paillasse*, le petit mur en briques contre lequel se fait le feu s'appelle *contre-feu*, une *tuyère* ou petit tuyau en fer traverse le contre-feu un peu plus haut que le fond de la paillasse ; c'est par la tuyère qu'arrive le vent lancé par un gros soufflet suspendu en l'air et que le chauffeur met en mouvement au moyen d'une corde ou d'une chaîne.

Le forgeron doit bien connaître la nature du fer et du charbon qu'il emploie. Pour arriver à chauffer le fer au degré convenable pour qu'il puisse être facilement forgé, il faut le placer dans le feu un peu au-dessus de la tuyère, de manière que la flamme l'enveloppe bien de toutes parts ; puis, on arrange le charbon tout autour et au-dessus en le mouillant un peu pour qu'il se colle et fasse voûte. Si la pièce que l'on chauffe est grosse, on doit commencer le chauffage modérément, de manière à ne pas brûler le fer extérieurement avant que l'intérieur ne soit chauffé. On désigne les différents degrés de chaleur par la couleur qu'a le fer en sortant du foyer de la forge : c'est ainsi que le rouge suant ou blanc est la plus haute température, c'est celle à laquelle on porte les pièces pour les souder entre elles, de manière à n'en faire qu'une ; la couleur rouge-clair est suffisante pour le forgeage, la pièce arrive ensuite au rouge-cerise, puis au rouge-sombre ; il faut ensuite la reporter au feu pour continuer le forgeage.

Vous voyez, sous la paillasse de la forge, un grand baquet plein d'eau ; à l'aide d'un balai que l'on mouille, on arrose le charbon extérieurement, pour que le feu ne le consume pas en pure perte et pour mieux concentrer la chaleur.

Quand les objets que l'on veut forger sont trop petits, on se sert d'une pince ou longue tenaille pour les tenir et les manœuvrer. D'autres fois, c'est au bout d'une barre de fer que l'on forge la pièce ; lorsqu'elle est terminée, on la coupe à l'aide d'une tranche.

La *tranche* est un outil en acier trempé très-dur, tranchant d'un côté et plat de l'autre : il est fixé à un manche en bois. Lorsque l'on veut couper du fer, soit pour diminuer la longueur d'une barre, soit pour le travail, on applique la tranche sur la pièce préalablement chauffée, et l'on applique de grands coups de marteau sur la tête de l'outil. Le forgeron a soin, de temps en temps, de plonger la tranche dans l'eau afin qu'elle ne se détrempe pas et que la chaleur ne la ramollisse pas. Maintenant que nous savons comment on chauffe le fer, apprenons comment on le forge.

Le principal outil est l'*enclume* : c'est une grosse masse de fer posée solidement sur un bloc appelé *tas*; le milieu de l'enclume, très-uni et plat, s'appelle *table*; les deux extrémités s'appellent *bigornes*, elles sont toutes deux pointues, l'une ronde, l'autre anguleuse, pour que l'ouvrier trouve le moyen de donner diverses formes à ses pièces. Un trou carré est percé tout près du bord de la table, il sert à mettre divers outils tel que le *tranchet*, petite masse d'acier tranchante qui sert à couper le fer : on met la pièce rouge sur le tranchet et l'on frappe un coup de marteau dessus pour l'entailler ou la séparer en deux. On y met aussi divers pièces appelées *étampes*, pour faire des barres rondes ou de diverses formes. Les enclumes sont aciérées pour résister aux chocs. On fait aussi quelques enclumes en fonte qui coûtent moins cher que les premières, mais qui n'ont pas toutes leurs qualités.

Des marteaux de diverses formes sont employés au forgeage du fer : il y en a qui sont plats des deux bouts; d'autres, au contraire, sont rétrécis d'un côté : on se sert du côté rétréci pour étirer, allonger; le côté plat sert à donner la forme.

Certaines petites pièces peuvent être forgées au petit marteau et par un seul homme; les grosses pièces sont forgées par le maître forgeron qui se fait aider par un ou plusieurs hommes, manœuvrant à deux mains les gros marteaux. Pour que le travail se fasse avec précision et régularité, le maître forgeron commande et les aides obéissent ponctuellement, et tout cela sans parler, sans dire un seul mot : tout le commandement se fait par signes bien simples, comme vous allez voir.

Le maître forgeron frappe un coup avec son petit marteau, l'aide attentif frappe avec son gros marteau juste à la même place; s'il y a plusieurs aides, chacun frappe à son tour son coup juste à la même place. Si le maître frappe avec le plat du marteau, les aides frappent avec le plat du leur; si, au contraire, il bat avec le côté mince, les aides l'imitent; les aides suivent en tout point l'exemple du maître : suivant que celui-ci frappe fort ou doucement, ceux-là frappent fort ou doucement. Quand le maître veut arrêter le forgeage, il frappe avec son marteau contre l'enclume.

Supposons maintenant qu'il s'agisse de souder une pièce contre une autre : on les chauffe toutes deux dans le même foyer, ou dans deux foyers différents si les pièces sont trop grosses ; puis on veille à ce que l'une ne chauffe pas plus vite ni plus lentement que l'autre, de manière à les amener toutes deux au même moment à la température convenable, c'est-à-dire au rouge-blanc ; on voit alors de petites étincelles qui pétillent brillantes dans l'air. Le maître donne le signal de tirer les pièces en même temps ; on les nettoie bien pour enlever les *scories* ou la poussière de charbon, puis on les applique l'une sur l'autre, et l'on commence à frapper sur toutes les faces du joint comme l'indique le forgeron. La propriété qu'a le fer de se souder à lui-même est très-précieuse pour le travail.

Les aides du forgeron, qui manient les lourds marteaux, s'appellent *frappeurs-devant ;* ce sont eux qui, tour à tour, font marcher le soufflet.

A propos de soufflet, vous aurez peut-être occasion de voir des forges qui marchent sans soufflet. En effet, dans les grands ateliers, il y a quelquefois cent forges dans un même bâtiment, qui marchent toutes sans soufflet; c'est qu'alors il est plus économique de se servir d'une petite machine appelée *ventilateur,* qui est mise en mouvement par une machine à vapeur. Le ventilateur lance de l'air dans un grand conduit en fonte, duquel partent autant de petits tuyaux qu'il y a de forges; on peut, du reste, modérer le vent ou même l'arrêter tout à fait à l'aide d'une valve qui diminue ou ferme entièrement le passage de l'air.

Les pièces passent des mains du forgeron dans celles du limeur et ajusteur; celui-ci les travaille à froid, avec divers outils, pour les achever. Voici quels sont les principaux qu'il emploie :

Le *burin* est un petit ciseau tranchant en acier : il sert à entailler le fer pour enlever, par petits copeaux, les parties qui sont de trop; ou frappe sur la tête du burin avec un marteau.

La *lime* est un outil également en acier emmanché dans un petit manche de bois; sur la lime on a tracé, avant de la tremper, beaucoup de petits traits réguliers et se croisant, de manière à former une infinité de petites aspérités. On se sert de cet outil pour aplanir les surfaces et ôter ce que le burin n'a pas enlevé.

Le *foret* sert à percer des trous; on l'ajuste dans un vilebrequin semblable à celui du menuisier. On se sert aussi de quelques autres outils, tels que *tarauds* et *filières* pour donner la forme de vis et d'écrou.

Le limeur et ajusteur a son établi de même que le menuisier, et la pièce principale s'appelle *étau*. L'étau est un instrument en fer qui se compose de deux branches, l'une fixée contre l'établi, et l'autre mobile, qui peut se rapprocher ou s'écarter de la première branche, au moyen d'une vis. C'est entre les deux mâchoires de l'étau que l'on serre les pièces à travailler, de manière à avoir les deux mains libres. Vous pouvez voir comment est fait et disposé l'étau : il y en a un contre l'établi à gauche de l'atelier.

Vous voyez au-dessus de l'ouvrier limeur un sac de cuir, c'est ce que l'on appelle la trousse du serrurier : il ne sort jamais sans sa trousse, qui contient son marteau, des burins, des limes, etc.

Je ne vous parlerai pas du *serrurier en voi-*

tures, qui travaille comme le serrurier en bâtiments, mais pour les pièces de carrosses seulement.

Quant au *serrurier mécanicien,* son travail de forge est toujours le même ; mais le travail d'ajustage est un peu différent : comme il s'agit souvent d'ajuster des pièces de machines qui demandent une grande régularité et une grande précision, on travaille à l'aide de machines-outils très-variées et très-ingénieuses. L'ouvrier n'a qu'à placer la pièce à travailler, et l'outil marche, enlève, rabote, polit, creuse, taraude, etc., suivant la volonté de l'ajusteur. C'est ainsi qu'une machine à vapeur met en mouvement vingt, trente, cent machines-outils qui servent à faire d'autres machines, etc. Ces grands ateliers s'appellent ateliers de construction de machines ; et les ouvriers qu'on y emploie sont des serruriers mécaniciens. Les ingénieurs disposent et calculent les machines ; les contremaîtres, avec des dessins de grandeur d'exécution, font exécuter les modèles en bois pour la pièce que l'on coule en fonte. Les pièces en fer se fabriquent à la forge, et tous les différents organes viennent se dresser, s'assembler, dans l'atelier d'ajustage. Lorsque vous serez assez grands pour visiter ou travailler dans ces beaux ateliers, vous serez frappés de l'ordre et du mouvement qui règnent partout.

Questionnaire.

Que fait le serrurier en bâtiments? — Quels sont les principaux objets que fabrique le serrurier en voitures? — Que fait le serrurier mécanicien? — Comment s'appelle l'ouvrier qui commence le travail à chaud? — Quelles sont les qualités principales que doit posséder un bon forgeron? — Comment est faite une forge? — Quels sont les principaux outils du forgeron? — Comment est faite une enclume? — Comment le maître forgeron commande-t-il les aides frappeurs? — Comment soude-t-on deux pièces ensemble? — Quels sont les outils qu'emploie le limeur et ajusteur? — Comment appelle-t-on la machine qui remplace les soufflets dans les grands ateliers de forge?

LE CHARRON.

(Planche 4)

—

Le *charron* s'occupe spécialement de la construction des voitures de fatigue, telles que chariots, charrettes ; c'est lui qui fait les brouettes et presque tous les instruments employés dans l'agriculture, la charrue, la herse, le rouleau, les semoirs, etc. Il fait aussi les roues et les trains de voitures suspendues, mais la caisse et les accessoires sont du ressort du sellier carrossier.

Vous voyez de suite que le charron doit savoir travailler le bois comme le menuisier, et le fer comme le forgeron ; c'est pour cela que, dans l'atelier du charron, vous verrez à peu près tous les outils du menuisier, la scie, le rabot, les ciseaux, le maillet, le marteau, les vrilles, le vilebrequin, la hache, et une *plane*; c'est une lame d'acier tranchante d'un côté sur toute sa longueur, et ayant deux petites poignées en bois. Le charron qui travaille contre la charrette se sert d'une plane. Un *cric* est indispensable au charron pour soulever les voitures et pouvoir ajuster et démonter les roues. Sur l'image, vous pouvez voir cet instrument qui tient soulevé le train d'une charrette, à droite; vous voyez que cet instrument se compose d'une pièce de bois dans laquelle peut se loger une crémaillère en fer que l'on fait monter ou descendre à l'aide d'un petit pignon et d'une manivelle; il y a un petit loquet qui empêche la crémaillère de redescendre quand on l'abandonne à elle-même.

Vous voyez aussi, dans une charronnerie, tous les outils du forgeron : la forge, l'enclume, l'étau, etc.

Un des plus beaux ouvrages du charron est, sans contredit, la roue; il faut une grande précision d'ajustage. Une roue de voiture se compose d'une partie centrale, appelée *moyeu*, dans laquelle viennent s'assembler de petites pièces de bois appelées *rais*, qui maintiennent la couronne ou *jante* tout autour du moyeu; celui-ci est percé d'un œil rond pour passer la *fusée* ou extrémité de l'essieu.

La jante ou couronne en bois ne peut se faire qu'en plusieurs morceaux réunis ensemble. Pour donner encore plus de solidité aux assemblages, et pour conserver plus longtemps la jante en bois, on la recouvre d'un cercle plat en fer d'une seule pièce. Voici comment se fait cet anneau. On choisit une barre de fer plat de la largeur de la jante, et d'une épaisseur de un à deux centimètres, suivant la voiture pour laquelle les roues sont destinées. Plus les voitures doivent fatiguer, plus le cercle en fer doit être épais. On prend la bande de fer assez longue, pour qu'elle puisse envelopper entièrement la roue, puis on soude les deux bouts après avoir courbé la bande au feu, de manière à en faire un anneau. Le charron met beaucoup de soin dans cette soudure, car il se fait un grand effort pour déchirer le joint. Lorsque la roue est prête à être cerclée, que les bouts des rais sont coupés, on commence à présenter le cercle en fer sur la jante pour voir s'il n'est pas trop petit; dans ce cas, on réchauffe dans toutes ses parties le fer et on l'étire au marteau, jusqu'à ce que cette grande *frette* soit à la grandeur voulue; mais on la maintient un peu plus étroite, pour qu'elle serre mieux les jointures. Et, pour l'appliquer, on la chauffe au rouge-clair : la chaleur dilate le fer et le cercle entre alors aisément; puis, quand il est bien en place, on jette de l'eau dessus pour le refroidir brusquement; la bande se resserre, et il faudrait alors une grande force pour pouvoir l'enlever de dessus la jante. Cependant, par mesure de précaution, on ajoute quelques clous à grosse tête.

Les bois qu'emploie le charron sont l'orme, le frêne, le chêne, le charme et le châtaignier.

Il arrive souvent que le charron a besoin de faire des pièces courbes; il pourrait bien faire avec une grosse pièce droite, une pièce courbe, en entaillant la première; mais alors elle n'aurait pas de solidité. Il faut donc courber la pièce en l'exposant à la vapeur d'eau et en la faisant entrer dans des moules; de cette manière on ne coupe pas les fils du bois.

Les chaînes, les palonniers sont aussi du ressort du charron.

Vous avez dû remarquer, mes enfants, que les roues des voitures sont plus ou moins légères, et que leurs jantes sont plus ou moins épaisses. Lorsque les voitures servent à transporter de lourds fardeaux, on fait les jantes plus larges, afin de ne pas détériorer les routes; une bonne précaution à prendre, toujours dans l'intérêt des routes, c'est de faire, dans les chariots à quatre roues, le train de devant moins écarté que le train de derrière, de cette manière, la route se trouve plus également usée, et il ne se forme pas d'ornières.

Vous devez voir de suite, mes petits amis, quel doit être le talent du charron : il doit toujours s'appliquer à faire les voitures légères et d'une grande solidité. Il doit toujours employer des bois bien secs et sans défauts.

Questionnaire.

Quels sont les ouvrages dont s'occupe le charron? — De quelles matières se sert-il pour ses travaux? — Quels sont les principaux outils qu'il emploie? — Qu'est-ce qu'une plane? — Comment est fait un cric? — Comment est faite une roue de voiture? — Comment fait-on le cercle en fer, et comment l'applique-t-on autour de la jante? — Quelles sont les espèces de bois employées dans le charronnage?

LE CORDONNIER.

[Planche 5]

—

Nous voici, chers enfants, dans la boutique du *cordonnier* : je n'ai pas besoin de vous dire tout ce qu'on y fait, vous le savez aussi bien que moi, et, d'ailleurs, il vous suffira de jeter les yeux sur l'image, et vous verrez, dans la montre de la boutique, des bottes, des bottines, des souliers, des escarpins et toutes sortes de chaussures.

Le cordonnier est donc bien nécessaire, puisque, sans lui, vous marcheriez pieds nus; vous auriez bien froid aux pieds l'hiver, et vous vous blesseriez en marchant sur les cailloux.

Examinons les quatre ouvriers qui sont, comme vous le voyez, bien attentifs à leur affaire et suivons la marche du travail ; mais d'abord parlons un peu des matières premières dont le cordonnier fait usage : on emploie les peaux des animaux pour faire les chaussures;

mais, auparavant, elles subissent quelques préparations : on enlève les poils et l'on tanne les cuirs de manière qu'ils se conservent bien et acquièrent de la souplesse. Ce travail des cuirs se fait chez le tanneur ; mais il y a une dernière préparation à faire : il s'agit de peindre les cuirs en noir, au moins ceux dont se servent les cordonniers.

Les cuirs sont de différentes espèces suivant les différents genres de chaussures ; ainsi pour les souliers de fatigue on emploie du cuir de génisses pour le dessus ou empeigne, et du cuir de bœuf qui est très-dur pour les semelles ou dessous du soulier.

Pour les chaussures ordinaires, on emploie pour l'empeigne du cuir de veau qui est fin et doux ; les semelles se font toujours en cuir de vache et les talons en cuir de bœuf.

Une chaussure quelconque se compose de deux parties bien distinctes : l'empeigne ou le dessus et la semelle ou dessous. Il s'agit donc tailler ces deux parties pour leur donner la forme convenable au pied auquel la chaussure est destinée ; puis il ne reste plus qu'à coudre bien solidement les deux parties de manière à n'en plus faire qu'une seule. Il faut que la couture soit bien solide, de manière que, lorsqu'il pleut, l'eau ne pénètre pas au travers, et que les cailloux ne puissent pas couper l'empeigne qui est en cuir plus faible que la semelle. Voilà, mes enfants, tout l'art du cordonnier; mais, si simple qu'il vous paraisse, il a cependant ses difficultés. Combien de fois vous plaignez-vous à votre cordonnier que les souliers ou les bottes sont beaucoup trop petits, et qu'ils blessent le pied; d'autres fois ils sont trop larges, ou ils se décousent.

Oui, mes enfants, dans tous les états, dans toutes les carrières, il y a un apprentissage, il faut de l'application et beaucoup de travail avant d'arriver à bien posséder son art.

Nous avons déjà parlé du cuir; continuons l'énumération des matières et des outils nécessaires aux cordonniers. Pour les coutures, ils emploient du fil de chanvre : vous savez bien ce que c'est, et ils le préparent en tordant plusieurs fils ensemble pour n'en faire qu'un, et au bout, pour pouvoir le passer dans les trous, ils attachent une soie de sanglier qui est très-roide et bien lisse; enfin, pour que le fil coule bien, ils le frottent avec de la poix, matière résineuse qui a de l'analogie avec la cire.

La *forme* est un morceau de bois taillé suivant la forme du pied; il y en a de toutes les dimensions, de petites pour les petits enfants, d'un peu plus grandes pour les petits garçons et les jeunes filles, et de grandes pour les hommes. Lorsque vous demandez une chaussure, le cordonnier prend la mesure du pied, la longueur, la largeur, l'épaisseur, en ayant soin d'écrire toutes les mesures; puis il cherche une forme des mêmes dimensions. Cette forme lui sert tout le temps de son travail; il taille la semelle et l'empeigne de manière à la coudre par-dessus la forme, qui est alors renfermée comme dans une boîte en cuir.

Le *baquet*. Lorsque les semelles sont taillées, on les laisse tremper dans un petit baquet d'eau pour les rendre plus douces et plus faciles à coudre : vous pouvez voir ce baquet à terre, à gauche, et les semelles qui trempent dedans.

Le *marteau*. Les cordonniers emploient un marteau de forme particulière pour marteler le cuir des semelles et enfoncer les pointes destinées à protéger la semelle. Vous voyez un jeune ouvrier qui est en train de marteler le cuir sur une pierre qu'il tient sur les genoux.

La *manigle* est un petit gantelet en cuir que l'on passe sur la main gauche et qui la protége des piqûres qui peuvent résulter du glissement d'un outil. Vous pouvez voir que l'ouvrier à la blouse bleue et au tablier vert a une manigle à la main gauche.

Le *tire-pied* est une courroie en cuir passée dans le pied gauche, et qui vient presser ce que l'on applique sur le genou gauche; le tire-pied sert à maintenir l'objet que l'on travaille.

Le *tabouret* est généralement remplacé par une petite buche que les ouvriers placent sous leurs pieds pour avoir les genoux plus élevés et se moins fatiguer.

L'*alêne* est une petite pointe d'acier fixée dans un petit manche en bois, et qui sert à percer les trous dans le cuir pour passer les fils et faire les coutures. Il y en a de différentes espèces, de droites, de courbes, de petites, de grandes. L'ouvrier qui a la manigle se sert dans ce moment de l'alêne.

Le *tranchet* est une petite lame d'acier bien coupante; le cordonnier s'en sert pour tailler son cuir. Vous pouvez voir comment le maître cordonnier en fait usage : c'est celui des quatre qui porte lunettes.

L'*astique* est un petit outil en bois qui sert à lisser la semelle et à affermir les coutures.

On se sert encore de plusieurs petits outils qui servent à égaliser l'épaisseur de la semelle sur tout son contour : vous pouvez les voir rangés à côté du maître, le long du mur.

Vous pouvez voir aussi suspendues au mur, à gauche de la fenêtre, deux bouteilles rondes ; il y en a aussi deux pareilles sur la planchette au-dessus de la cage ; voici quel en est l'usage : on les remplit d'eau, et, lorsque la nuit tombe et qu'on travaille à la lumière, on suspend ces boules juste entre la lumière et l'objet que l'on travaille ; la clarté est beaucoup plus grande par le faisceau de lumière concentré par la boule d'eau.

Maintenant que nous connaissons tous les outils principaux du cordonnier, voyons comment se fait un soulier. On choisit la forme convenable, puis on taille dans du cuir de veau le dessus de la chaussure ou empeigne, que l'on double avec du cuir fin, jaune, ou blanc, ou vert pour le dedans; avec de la colle on applique la doublure contre l'empeigne. Cela fait, on taille une petite bande de cuir que l'on fixe tout autour de la forme et que l'on appelle *trépointe* : c'est contre cette trépointe que se coud l'empeigne tout autour; puis on coud ensuite la semelle contre la trépointe, de sorte que celle-ci ne sert que de lien entre l'empeigne et la semelle, seulement il y a deux coutures au lieu d'une seule, ce qui est plus solide.

La semelle se compose quelquefois de deux bandes de cuir superposées, suivant qu'on veut avoir une faible ou une forte épaisseur; on observe aussi la cambrure ou saillie qui suit la cambrure de la plante des pieds; enfin, il ne reste plus à faire que le talon, lorsqu'il s'agit de souliers d'hommes. Le talon se compose de plusieurs petites pièces de cuir de bœuf sec; on les coud toutes ensemble avec la semelle, et l'on enfonce, en outre, des pointes qui pénètrent jusqu'à moitié de sa hauteur.

Le soulier est fait; il ne reste plus qu'à le parer avec l'astique, tracer avec une petite roue cannelée cette petite bordure que l'on remarque au haut du talon; puis on cire le cuir, et la bordeuse fait le reste, c'est-à-dire qu'elle coud une petite gance pour recouvrir le joint de l'empeigne avec la doublure collée.

Questionnaire.

Que fait le cordonnier? — Avec quoi fait-on les chaussures? — Comment appelle-t-on la préparation que l'on fait subir aux peaux? — Quels sont les différents cuirs que l'on emploie? — Qu'est-ce que l'empeigne? — Qu'est-ce que la semelle? — De quel fil se sert-on pour les coutures? — Comment le prépare-t-on? — A quoi sert la soie de sanglier que l'on fixe au bout du fil? — Qu'est-ce que la forme? — A quoi sert-elle? — Qu'est-ce que le baquet? — Pourquoi mouille-t-on les semelles? — Quel est l'usage du marteau? — Qu'est-ce que la manigle? — A quoi sert le tire-pied? — Qu'est-ce que le tabouret? — Comment est faite une alène? — Qu'est-ce que le tranchet? — Qu'est-ce que l'astique? — Comment fait-on un soulier?

LE TISSERAND.

[Planche 6]

Je vous ai déjà parlé du *tisserand*, mes enfants, pour vous dire que c'est lui qui emploie les fils de chanvre, de lin, de laine et de coton, qui sortent de la filature pour en faire des tissus.

Quelquefois le tisserand fait lui-même le filage. Ainsi, celui qui travaille devant vous a une femme et une fille qui préparent les fils : et vous vous rappelez bien comment on file au rouet. Regardez bien comment est fait l'instrument dont se sert la jeune fille ; c'est un rouet : elle ne se sert pas de sa quenouille dans ce moment, parce qu'elle ne fait qu'amincir le fil déjà fait. Mais, comme à notre ordinaire, prenons les choses du commencement.

Voyez-vous ce banc à gauche, avec plusieurs montants pour recevoir les bobines? C'est là que l'on monte les bobines de fil filé au rouet ou provenant des filatures; puis, à l'aide d'un dévidoir on vide les bobines sur un grand cylindre en bois, que la femme du tisserand fait tourner à l'aide d'une petite manivelle qui correspond à une poulie; puis une corde enroulée sur celle-ci, et au bas du dévidoir, lui communique le mouvement. On tourne donc toujours, jusqu'à ce que les bobines soient vides; et de cette manière on obtient des écheveaux que l'on monte sur deux rouleaux mobiles, et la jeune fille retravaille le fil à l'aide du rouet. Voyez-vous comme le fil passe et se façonne dans ses doigts, et s'enroule ensuite sur une bobine?

Lorsque le fil est bien préparé, on va le tendre en longueur, en rassemblant autant de fils à côté les uns des autres, qu'il en faut pour faire une pièce de tissus, de toile, par exemple, s'il s'agit de fils de lin ou de chanvre. Cette opération se fait ordinairement dans une prairie ou dans un jardin, parce qu'il faut beaucoup d'espace. On plante de distance en distance des poteaux en bois, avec une traverse au haut, de la largeur que doit avoir la pièce; puis il y a des dents implantées sur la traverse, et l'on étend le fil sur toute la longueur en le faisant passer dans les vides des dents de tous les poteaux; puis on enroule le tout sur un rouleau en bois que l'on porte au tisserand.

Celui-ci se sert pour son travail d'un métier que vous voyez sur l'image; il est soutenu par quatre poteaux encastrés dans la terre et maintenus très-solidement au plafond par deux traverses, pour qu'il ne remue pas du tout pendant le travail. Il y a deux rouleaux : celui du fond est celui sur lequel on vient d'enrouler les fils en long dans la prairie; puis il y en a un autre sur lequel on enroule l'étoffe à mesure qu'elle se fait.

Si vous regardez attentivement de la toile, vous remarquerez qu'il y a deux systèmes de fils : les uns vont dans un sens, les autres dans un autre, en travers. Tous ces fils sont, en outre, croisés alternativement les uns sur les autres; il faut donc que le tisserand ouvre les fils par moitié, et d'un seul coup, de sorte qu'une moitié soit en haut, l'autre en bas, et qu'il puisse faire passer un autre fil en travers; puis il change de nouveau la position des fils en long, en faisant descendre la moitié qui se trouvait en haut, et remonter celle du bas; il repasse un fil en travers, et ainsi de suite. Il passe successivement tous les fils en travers, de manière à ce qu'ils se croisent, comme vous le voyez, sur la toile.

Regardez bien sous le métier, et vous verrez que le tisserand fait jouer deux pédales avec les pieds : ces deux pédales font tantôt monter, tantôt descendre deux châssis entre les fils desquels passent les fils en long, moitié dans un châssis, moitié dans l'autre. De cette manière, il ouvre les fils en long pour passer le fil en travers entre deux.

Voyez-vous ce petit instrument que l'ouvrier tient dans la main gauche ; c'est ce qu'on appelle la *navette*. Le fil qui passe en travers est enroulé dans cette navette, de manière qu'en la lançant entre les deux systèmes de fils en long, la navette se dévide : c'est ainsi qu'il lance successivement sa navette de gauche à droite et de droite à gauche, en faisant aller les pédales chaque fois pour enlacer les fils.

Vous pouvez distinguer dans le métier un petit cadre noir ; il sert à appliquer le fil de travers contre celui qui l'a précédé.

C'est ainsi, mes enfants, que se fait le tissage des étoffes. Avec le lin et le chanvre, on fait la toile; avec le coton, on fait la percale, le calicot; avec la laine, on tisse les draps, qui reçoivent ensuite plusieurs préparations : le foulonnage, pour bien dégraisser et donner de la souplesse, la teinture et les apprêts.

Questionnaire.

Que fait le tisserand? — Comment prépare-t-on les fils en long? — Comment appelle-t-on les fabriques où l'on file le chanvre, le lin, le coton et la laine? — Comment est fait le métier du tisserand? — Qu'est-ce que la navette? — Comment le tisserand fait-il manœuvrer son métier? — Quelles étoffes fait-on avec le lin et le chanvre? — Quelles sont celles que l'on fait avec le coton? — Comment appelle-t-on les étoffes fabriquées avec la laine?

LE VANNIER.

[Planche 7]

—

Voici l'atelier du *vannier*. Voyez donc, mes enfants, les jolis objets : des corbeilles, de petits paniers à salade, de grands paniers pour aller au marché, des berceaux d'enfants; c'est le vannier qui fait tout cela. D'où vient le petit panier dans lequel vous apportez votre déjeuner? Il vient de chez le vannier; voyez comme cela est soigné!

Voulez-vous savoir comment il s'y prend pour faire des objets si légers et si solides en même temps? écoutez-moi.

C'est avec des baguettes de bois que le vannier façonne ses ouvrages; mais tous les bois ne sont pas indistinctement employés : c'est l'osier qui est préféré, à cause de sa flexibilité, de la régularité des baguettes.

C'est au bord de l'eau que croît l'osier. Vous

avez bien souvent couru sur les vastes prairies, cueillant des marguerites ou poursuivant un papillon; vous avez passé tout près des osiers sans les remarquer. Mais, maintenant que vous savez les services qu'ils rendent, vous les verrez avec intérêt et plaisir. L'osier est une petite tige qui pousse dans les endroits frais, comme au bord des rivières; souvent elles se réunissent en touffes et forment de petits bosquets de feuillage léger; l'écorce de ces tiges est jaune, c'est ce qui permet de distinguer très-facilement les branches d'osier des branches de saule, dont l'écorce est verte au lieu d'être jaune.

Le vannier, pour commencer un travail quelconque, fait, avec des branches, une carcasse à claire voie de la forme de son ouvrage; une fois cette carcasse faite, il prend les osiers et les entrelace avec la carcasse, de manière à remplir le vide. Le vannier s'assied à terre pour travailler plus commodément.

Quand il s'agit d'ouvrages grossiers, on emploie l'osier tel qu'on l'a coupé, c'est-à-dire recouvert de son écorce; s'il s'agit, au contraire, d'objets plus soignés, le vannier enlève l'écorce; enfin, quand il veut faire des travaux très-délicats, il partage en trois ou quatre, les branches d'osier. On se sert, pour cette opération, d'un petit morceau de bois dur et bien sec, avec une tête partagée en trois pointes aiguës et également espacées les unes des autres. Il suffira d'ouvrir le bout de la branche d'osier avec un couteau, et en trois parties; puis, introduisant la tête du *fendoir,* de manière que chaque pointe entre dans chacune des fentes faites au couteau, on finit le partage en le poussant jusqu'à l'autre extrémité de la branche.

Souvent, lorsque le vanier veut faire de jolies corbeilles pour mettre des fleurs, etc., il découpe l'osier en petits filets; et, avant de travailler, il les peint en blanc, en noir, en rouge, etc., pour faire de jolis dessins.

Savez-vous, mes enfants, avec quel instrument on sépare le grain de blé de cette espèce de paille très-légère qui l'enveloppe et qu'on appelle *balle?* C'est avec un *van,* grande corbeille plate avec deux poignées. Lorsque les gerbes de blé sont battues, on ramasse les grains dans le van; et, en faisant successivement sauter les grains en l'air, en donnant un mouvement particulier au van, les petites pailles sont entraînées par le courant d'air, tandis que le grain reste. Vous avez déjà deviné aussi, j'en suis sûr, que c'est le vannier qui fait les vans : c'est même à cause de cela qu'on l'appelle vannier. Eh bien! mes enfants, le van est le plus beau travail du vannier; c'est celui qui lui coûte le plus de soins : en effet, il faut que l'osier soit bien serré et bien uni, de manière que la poussière ne puisse pas se loger dans les intervalles.

Dans certains pays, comme dans la Franche-Comté, on voyage souvent dans de petites voitures légères faites en osier : c'est aussi le vannier qui fabrique ces voitures. Dans les pays chauds, les vanniers font des chaises fraîches et légères, des nattes, des jalousies et d'autres objets.

Il me reste à vous faire connaître les différents outils qu'emploie le vannier. D'abord, c'est une petite serpe pour couper l'osier, un couperet pour tailler les branches qui servent à construire la carcasse, un billot de bois pour appuyer les branches qu'on veut couper, une batte pour serrer les branches d'osier les unes contre les autres une fois qu'elles sont enlacées, enfin un poinçon et un ciseau pour couper les branches de la carcasse.

Questionnaire.

A quoi servent les paniers? — Par qui sont-ils faits? — Comment appelle-t-on les branches dont ils sont faits? — Où croît l'osier? — Comment distinguez-vous une branche d'osier d'une branche de saule? — Pourquoi le vannier emploie-t-il de préférence l'osier? — Comment travaille le vannier? — Comment est fait l'outil avec lequel il divise une branche en deux ou trois parties? — Quels sont les outils dont se sert le vannier, et à quoi servent chacun d'eux?

LE POTIER.

[Planche 8]

—

On appelle *potiers* les hommes qui fabriquent des pots de toutes formes, les marmites pour faire le pot au feu, les cruches pour puiser de l'eau ou d'autres liquides, les pots à fleurs pour les jardins, les terrines à lait, les chaufferettes, les tirelires et beaucoup d'autres objets en terre.

Les différentes espèces de terre ne sont pas toutes propres pour la fabrication des poteries; on emploie une argile grise appelée *terre glaise*; quand elle est humide ou détrempée dans l'eau, elle devient molle et peut se pétrir en prenant toutes les formes que l'on désire. Vous voyez que cette terre est bien précieuse, puisqu'elle sert à façonner tant d'objets utiles dans un ménage : c'est ainsi, mes enfants, que l'on rencontre dans la nature des matières qui paraissent inutiles et qui rendent bien des services une fois qu'elles ont été préparées et façonnées par la main intelligente de l'homme.

La terre glaise que le potier reçoit pour son travail est souvent dure et mélangée de petits cailloux; il serait donc impossible de la pétrir: aussi commence-t-il par lui faire subir une première préparation appelée *marchage*.

On étale la terre sur une aire en briques maçonnées, ou sur des planches; et, après l'avoir arrosée, on piétine dessus en appuyant fortement les talons, de manière à broyer, pour ainsi dire, la pâte et la rendre également molle dans toutes ses parties. Les ouvriers ont les pieds nus pour mieux sentir les pierres et les petites branches d'arbre, qu'ils ont soin de retirer. Pour moins se fatiguer, ils plantent au milieu de l'aire une perche sur laquelle ils s'appuient en marchant tout autour.

Lorsque la terre glaise est bien molle et bien mélangée, elle est bonne à façonner les pots: on en forme de petites masses de la grosseur de la tête et ayant la forme d'un gros dé à jouer; un ouvrier charge ces masses de terre sur une brouette et les transporte dans l'atelier. Vous pouvez voir tous ces morceaux rangés sur une table en bois à droite; on a mis un rideau devant la fenêtre, afin que le soleil ne dessèche pas la terre, qui deviendrait trop dure pour être travaillée.

Regardez bien maintenant comment va s'y prendre l'homme assis devant la table pour façonner la terre et lui donner la forme d'une terrine, par exemple. Il creuse d'abord avec les mains son morceau de terre, en élargit les bords en les pressant avec les doigts et en les allongeant de bas en haut. Il y a sur la table une petite auge pleine d'eau dans laquelle l'ouvrier trempe de temps en temps les mains, afin que la terre ne s'attache pas aux doigts. Le morceau de terre prend déjà une forme, mais la surface n'est pas parfaitement unie; alors, avec une petite planchette en bois, il lisse l'intérieur et l'extérieur du vase en grattant les rugosités.

De cette manière le potier est arrivé à donner à la petite masse de terre la forme d'une terrine; il aurait pu tout aussi bien faire un petit pot à beurre, une cruche ou tout autre ustensile de cuisine; mais, s'il n'employait que ses mains à son travail, il n'en ferait pas beaucoup au bout de sa journée; il faut donc trouver un moyen plus expéditif, afin de pouvoir vendre les pots moins cher.

La grande difficulté, c'est de faire les vases bien ronds et bien réguliers, et vous comprenez que si le morceau de terre pouvait tourner sans que son milieu changeât de place, tous les points du vase viendraient tour à tour se présenter à l'action des doigts de l'ouvrier, qui n'aurait qu'à presser et à élargir plus ou moins les parois. Il ne s'agit donc plus que de faire tourner le morceau de terre glaise. Pour arriver à ce but, les potiers se servent d'une machine appelée *roue* ou *tour*; en effet, c'est une grande roue en bois plein traversée en son milieu par une barre de fer nommée essieu, au haut de laquelle est fixée une autre rondelle plus petite que celle du bas. L'extrémité inférieure de l'essieu s'appuie dans le creux d'une pierre de grès dur, solidement enterrée dans le sol de l'atelier, et, pour que la machine conserve sa position droite sans tomber à droite ni à gauche, l'essieu est retenu dans un anneau en fer, attaché contre le bord de la table et un peu au-dessous de la petite rondelle du haut.

L'homme peut donc maintenant faire facilement tourner sa machine et la petite masse de terre glaise qu'il aura posée sur le plateau supérieur ; il n'aura qu'à pousser du pied la grande roue inférieure qui entraînera dans son mouvement l'essieu et la rondelle.

Voulez-vous encore mieux comprendre la disposition de la roue du potier ? Rappelez-vous comment est fait le *toton* que vous vous amusez quelquefois à faire tourner sur une table ; eh bien, la roue dont se sert le potier n'est autre chose qu'un gros toton.

Voyons maintenant comment le potier va faire usage de sa machine : il place d'abord sa masselotte de terre au centre de la petite rondelle de bois, et s'assied à son aise, un pied appuyé sur la petite planchette que vous voyez sous la table, tandis que de l'autre pied il pousse la roue pour la faire tourner. En travaillant à l'aide de cette machine, le potier fait trois fois plus de travail en se donnant moins de peine, et ses pots sont beaucoup mieux faits.

Quelquefois le pot que l'homme est en train de travailler est un peu trop épais ; alors, pour en amincir les parois, il se sert d'un outil en fer que vous voyez sur la table : c'est une petite lame de fer fixée contre une barre de bois plantée dans la table : à l'aide de vis il peut élever ou rabaisser la lame de fer, rapprocher ou éloigner son extrémité du vase qu'il façonne. Ainsi il commencera par descendre l'outil tout en bas en l'allongeant jusqu'à ce que l'extrémité pénètre un peu dans l'épaisseur de la terrine; il fait toujours tourner sa machine, et l'outil enlève l'excès d'épaisseur; à mesure qu'il monte la lame, il la raccourcit de manière à suivre la forme du vase.

Si le potier avait voulu faire une marmite, il s'y serait pris de la même manière. Les pieds, les anses et les ornements se font également en terre glaise et s'appliquent au corps du vase, en ayant soin de les faire pénétrer dans les parois et d'en bien unir les jointures.

A mesure que les pots sont achevés, quant à la forme, on les place sur des étagères afin qu'ils sèchent; quand ils sont bien secs, il ne reste plus qu'à les cuire, afin de les durcir tout à fait.

Parmi les objets de poteries dont on se sert,

il y en a qui sont ternes à la surface, comme les fourneaux, les chaufferettes, les tirelires, les tuyaux de jardins; ceux-là ont été cuits immédiatement après le séchage sans aucune autre préparation. D'autres vases, comme les marmites, les cruches à eau, sont, au contraire, brillants en dedans et en dehors. Voici comment on arrive à recouvrir les poteries de ce vernis dur et glacé. On se sert de diverses poudres métalliques, dont on fait une bouillie liquide avec de l'eau et dont on barbouille les pots, soit intérieurement soit extérieurement, avant de les cuire. Quand les poteries auront passé douze heures dans le four, les peintures métalliques se seront fondues en formant avec le sable que contient l'argile un vernis de différentes couleurs suivant les poudres métalliques que l'on aura employées. Ainsi pour que les pots soient recouverts d'un vernis jaune, on se sert de minium; c'est une poudre rouge que l'on prépare avec de la grenaille de plomb fortement chauffée au contact de l'air; pour vernir en noir, on emploie une poudre noire appelée, à cause de sa composition, *peroxyde de manganèse* : on trouve cette matière toute formée dans le sol de certains pays, comme à la Romanèche en France.

Maintenant il sera bien facile au potier de faire ses marmites jaunes à l'intérieur et noires à l'extérieur : il remplira deux baquets, l'un de minium, et l'autre de peroxyde de manganèse; il ajoutera de l'eau pour former une bouillie liquide, et il ne restera plus qu'à peindre l'intérieur du pot avec la bouillie rouge de minium, et l'extérieur avec la bouillie noire. Voyez-vous sur l'image un homme vêtu d'un pantalon vert? c'est lui qui verse dans les pots de la bouillie rouge avec une cuiller, de manière à bien barbouiller l'intérieur; il renverse alors ce qui pourrait être en excès, et passe le vase à son camarade, qui le plonge dans son baquet de manière à recouvrir tout l'extérieur de peroxyde de manganèse.

Une fois la peinture appliquée, il faut la laisser sécher : c'est pour cela qu'on empile les pots en les appuyant contre le mur de l'atelier, ainsi que vous le voyez représenté sur l'image; un autre ouvrier vient alors les prendre pour les porter dans le four où l'on va les cuire.

Vous avez déjà sans doute vu, mes petits

amis, des fours de boulanger où l'on cuit le pain et la galette : c'est une petite chambre toute en briques et recouverte d'une voûte ; on introduit du bois allumé par la porte du four que l'on laisse ouverte, afin que la fumée puisse sortir et que l'air puisse entrer pour alimenter le feu ; quand le four est bien chaud, on le nettoie bien et l'on enfourne la pâte pour qu'elle cuise. Le four du potier est plus grand que le four du boulanger, et disposé autrement ; la voûte du four est percée de beaucoup de trous afin que la flamme puisse la traverser et chauffer toute la poterie que l'on range dessus ; la chambre ou espèce de four dans laquelle sont empilées les poteries est recouverte d'une seconde voûte en briques, surmontée d'une cheminée pour le passage de la fumée. Voyez-vous au fond de l'atelier cette porte vers laquelle se dirige un ouvrier portant deux pots dans les mains ? C'est la porte de la chambre où l'on empile les pots sur la voûte percée de trous ; quand les pots sont arrivés à une certaine hauteur, c'est par une seconde porte supérieure que l'on continue l'empilage.

Lorsque le four est bien rempli, on mure les

deux portes par lesquelles on enfourne, avec des briques, afin que la chaleur ne se perde pas à l'extérieur. On allume alors le feu, que l'on augmente peu à peu jusqu'à ce qu'il soit très-ardent, ce qui arrive au bout de dix ou douze heures; on le laisse s'éteindre ensuite insensiblement. On attend que le four soit refroidi pour retirer la poterie cuite qui est alors bonne à vendre; on démure les deux portes, et l'on retire un à un les pots que l'on range dans un magasin.

Je vous ai parlé, mes enfants, des vernis ou émaux dont on recouvre les poteries pour les rendre plus résistantes et plus belles : je ne veux pas que vous ignoriez le nom de l'homme courageux et dévoué qui consacra une partie de sa vie à la recherche des mélanges qui pourraient produire des émaux blancs. Cet homme est Bernard Palissy; il naquit à Agen en 1499, et passa sa jeunesse à l'étude du dessin, de la géométrie et de l'arpentage.

C'est à l'âge de quarante ans que Palissy se passionna pour les émaux appliqués à la poterie; dès lors, il fit de nombreux essais, qui durèrent plus de vingt ans, pour trouver l'émail blanc qu'il recherchait avant tout. Il achetait des pots, et, après les avoir cassés en plusieurs morceaux, il appliquait sur chacun d'eux diverses compositions pour arriver à connaître celle qui réussirait le mieux; puis, il faisait cuire ses échantillons dans un fourneau; mais combien de fois le pauvre Palissy fut-il obligé de recommencer son travail! Son fourneau chauffait trop ou pas assez; enfin, après avoir recouvert de ses compositions de nouveaux morceaux de poterie, il pria un potier voisin de lui permettre de les cuire dans son four; mais il ne réussit pas mieux cette fois que les autres: quand on défourna ses épreuves, on n'y trouva rien de bon, et le potier son voisin se moqua beaucoup de lui. Je suis bien sûr que vous, mes enfants, vous n'auriez pas ri des peines et des insuccès de Palissy; vous l'auriez plutôt plaint. Néanmoins le bonhomme ne perdait pas courage; il rachetait des poteries, repilait des matières pour tenter de nouveaux essais, qu'il faisait cuire dans le four d'un verrier; il ne réussit pas encore cette fois-là, et ce ne fut qu'après deux ans, passés à courir de verrerie en verrerie, qu'il résolut de faire un dernier essai. Il arrivait cette fois avec trois cents épreuves qu'il plaça dans le four du verrier, attendant impatiemment le moment de les retirer ; enfin, après quelques heures qui lui parurent bien longues, on défourna les épreuves; Palissy tremblait et suait à grosses gouttes, tant il avait peur de n'avoir pas réussi; mais comme son inquiétude se changea vite en une folle joie, quand, parmi ses épreuves, il en vit une qui était recouverte de l'émail blanc le plus beau qu'il eût jamais rêvé !

Il courut vite chez lui, se mit à construire un fourneau semblable à celui du verrier, et, après avoir travaillé six mois à façonner lui-même les poteries, faisant tout à lui seul, piétinant la terre, la façonnant, la faisant sécher ensuite, il les recouvrit de la composition qui avait si bien réussi, et les mit au four. Ce bon Palissy passa six jours et six nuits à chauffer son fourneau, ne se reposant pas une minute; enfin, quand le four fut refroidi, il sortit ses poteries; mais, malheureusement, il les avait mal arrangées dans le fourneau et toutes étaient cassées ou fondues. Il se remit de nouveau au travail et fit une nouvelle fournée; le feu était allumé déjà depuis plusieurs heures, quand il s'aperçut qu'il n'avait plus une seule bûche de bois! Comment faire? plus d'argent pour en acheter; pendant ce temps-là, le fourneau allait s'éteindre et tout serait encore perdu. Palissy n'hésite pas : il enlève les portes, les volets et les planchers de sa maison et brûle tout dans son fourneau. Quand il défourna, comme il fut joyeux en voyant toutes ses poteries revêtues d'un beau vernis blanc! Depuis ce jour il réussit toujours.

Rappelez-vous souvent, mes enfants, l'histoire de Bernard Palissy, et retenez bien ce que Palissy répétait à ses enfants : « Avec du courage et de la patience on finit toujours par réussir. »

Questionnaire.

Comment appelle-t-on l'homme qui fabrique des pots? — A quoi servent les pots? — Comment s'appelle l'espèce de terre avec laquelle on fait les poteries? — Dans quel but piétine-t-on la terre glaise après l'avoir arrosée? — Comment appelle-t-on cette opération? — Le potier peut-il travailler seulement avec les mains, sans s'aider de machine? — Comment s'y prend-il? — Comment appelle-t-on la machine que le potier emploie pour travailler mieux et plus vite? — Comment est faite cette machine? — Pourquoi les ouvriers qui travaillent la terre glaise mouillent-ils leurs mains de temps en temps? — Comment est fait l'outil qui sert à bien arrondir les pots et à les faire moins épais? — Qu'emploie-t-on pour que les poteries, après la cuisson, soient vernies en jaune ou en noir? — Pourquoi vernit-on ainsi les pots qui servent à cuire les aliments? — Pourquoi ne vernit-on pas les pots à fleurs? — Dans quel but cuit-on les poteries? — Comment est disposé le fourneau? — Pourquoi y a-t-il deux portes pour enfourner? — Pourquoi les mure-t-on pendant la cuisson? — Qu'était-ce que Bernard Palissy?

L'IMPRIMEUR TYPOGRAPHE
LE FONDEUR EN CARACTÈRES.

[Planche 9]

—

Je vais vous parler, mes enfants, de l'art qui a le plus contribué à la civilisation humaine, de l'art qui a permis de mettre l'instruction à la portée de tous. Les livres dans lesquels vous apprenez à connaître votre religion, ceux dans lesquels on vous lit de si jolies histoires, sont les produits de l'imprimerie. Qu'est-ce que c'est donc que l'imprimerie? C'est l'art de représenter les idées par la parole écrite, et de multiplier cette représentation aussi vite que possible et en aussi grand nombre qu'on le veut. Quel art sublime! et ne doit-on pas appeler bienfaiteurs de l'humanité ceux qui l'ont inventé?

Vous savez, mes enfants, que c'est par l'écriture que les hommes peuvent se communiquer leurs idées; mais, avant l'invention du papier, l'art d'écrire n'était connu que de bien peu de personnes; la généralité des hommes restait dans l'ignorance. En effet, comment en pouvait-il être autrement? Les moyens d'écrire étaient très-bornés, longs et difficiles. C'était sur des peaux d'animaux préparées, sur des écorces d'arbre, ou sur des tablettes de cire ou de plomb, que l'on gravait l'écriture avec des poinçons aigus. Il était donc impossible de se procurer des manuscrits ou de les répandre en grand nombre. Plus tard, lorsqu'on sut fabriquer le papier, et qu'on substitua les plumes et l'encre aux poinçons, l'instruction fit un premier pas; les personnes qui savaient écrire devinrent moins rares. Mais ce n'était pas assez, les hommes d'une aisance ordinaire ne pouvaient se procurer, sans de grandes dépenses, la copie des ouvrages instructifs; en effet, il y a de certains ouvrages qui exigent plusieurs années pour être copiés à la main. Il fallait donc trouver le moyen de reproduire en autant d'exemplaires que l'on pourrait le désirer, et à un prix modéré, à la portée de tous, tous les manuscrits possibles : ouvrages de religion, d'histoire, d'amusement, etc. Ce moyen si précieux, mes enfants, c'est l'*imprimerie.*

Il a fallu faire bien des essais, bien des perfectionnements, pour amener l'art de l'imprimerie au point élevé où il est actuellement; et, si l'inventeur de l'imprimerie pouvait revivre et voir ce que son invention est devenue dans la main laborieuse de l'homme, il serait frappé d'admiration et verserait des larmes de joie. Cet homme de génie, dont la mémoire vivra autant que l'humanité, s'appellait Gutenberg; c'était un bourgeois de Strasbourg, d'une imagination vive et ardente. On fabriquait, à cette époque-là, en Allemagne, des cartes à jouer imprimées très-grossièrement sur des planches en bois : c'est ce qui donna l'idée à Gutenberg de chercher un moyen rapide de reproduire les manuscrits en un grand nombre d'exemplaires. Il consacra plusieurs années de travail et toute sa fortune dans des recherches infructueuses; mais sa ruine ne le découragea pas, et il se mit à chercher un associé. Il rencontra à Mayence un horloger, nommé Faust, à qui il communiqua ses idées; celui-ci devina le génie de Gutenberg; il lui assura son appui : tous deux travaillèrent ensemble, et, en 1445, ils étaient parvenus à imprimer une petite grammaire latine; mais ils sentaient que leur but était bien loin d'être atteint, et qu'il faudrait faire des frais considérables pour chaque ouvrage qu'il s'agirait d'imprimer.

Schœffer, simple domestique de Faust, travaillait aussi de son côté, et son intelligence s'était appliquée à faire des caractères mobiles qui pussent servir pour plusieurs ouvrages; il commença par couler en métal de petites bandes sur lesquelles, à l'aide d'un poinçon, il gravait les caractères en relief, de manière que les lettres seules pussent se couvrir d'encre et marquer le papier qu'on appliquerait dessus. Enfin, il songea qu'il vaudrait mieux faire des lettres séparées de manière à pouvoir, avec plusieurs alphabets, écrire tous les mots possibles. Il travailla dans cette nouvelle voie, et voici comment il s'y prit. Il commença par graver les lettres en relief, c'est-à-dire en saillie sur des poinçons en acier; puis il reproduisait en creux son poinçon dans une feuille de cuivre, en frappant un coup de marteau sur le poinçon; c'est ainsi qu'il imprimait en creux des *a*, des *b*, etc. Puis il coulait sur les feuilles de cuivre, du plomb fondu, sur lequel, après le refroidissement, les lettres paraissaient en relief; il ne s'agissait plus que de découper le plomb pour avoir chaque lettre séparément. Jugez de la joie de Faust, son maître, quand, le jour de sa fête, son domestique lui offrit un alphabet complet en caractères mobiles! Schœffer épousa la fille de son maître et entra en association avec lui et Gutenberg. C'est ainsi qu'ils perfectionnèrent peu à peu leur invention, et qu'ils publièrent successivement plusieurs livres.

Voyons maintenant comment on se sert des caractères ou *types* pour imprimer. Je vous dirai tout à l'heure comment, dans l'atelier voisin, on fond ces caractères. Il vous suffit de savoir que ce sont de petites barres métalliques portant d'un côté une lettre en relief et qui se trouve à l'envers, de manière que les lettres se reportent sur la feuille, à l'endroit.

La première opération consiste à assembler les caractères en mots, lignes, pages et feuilles, ce qui se nomme *composition*.

Regardez l'image, et vous verrez à gauche

un homme attentif, debout devant une espèce de boîte inclinée et divisée en un grand nombre de compartiments : cet homme s'appelle le *compositeur;* c'est lui qui est chargé d'assembler les caractères. Il a le manuscrit devant lui ; il le lit attentivement phrase par phrase, mot par mot, puis il puise dans la boîte, les lettres qui conviennent pour former les mots de chaque phrase, et les assemble sur un petit instrument qu'il tient dans la main gauche, et que l'on nomme *composteur*. Pour que ses recherches se fassent rapidement, chaque compartiment ne renferme que les mêmes lettres : l'une contient tous les *a*, l'autre les *b*, une autre les *A* majuscules, etc. C'est ainsi que le compositeur compose une ligne, puis une autre, et ainsi de suite, jusqu'à ce que la page soit complète. Il recommence une autre page, et, quand il a atteint le nombre de pages qui composent une feuille, il réunit chaque moitié de cette feuille dans le même cadre, appelé *forme*. Il ne faut pas confondre page avec feuille; une *feuille* d'imprimerie se compose suivant les formats, de quatre, huit, seize, vingt-quatre, de trente-six pages, etc.

Pour espacer les mots et les lignes, le compositeur se sert de petites lames et d'*interlignes* en bois ou en métal qui, étant moins hautes que les caractères, ne marquent pas sur le papier et forment les blancs. De même, pour espacer les pages entre elles dans la forme, il se sert de garnitures en bois ou en métal, et fixe le tout solidement par la pression de coins ou de vis, de manière que la forme fasse corps, comme si elle n'était que d'un seul morceau.

La seconde opération consiste à enduire la forme d'encre et à reproduire sur le papier les caractères assemblés par le compositeur. On emploie pour cela une machine appelée *presse*, parce qu'elle sert, en effet, à presser la feuille de papier contre la forme.

La presse est cette machine que vous voyez au milieu de l'atelier. Elle se compose de deux plateaux, l'un qui ne peut que monter et descendre à l'aide d'une vis, l'autre qui se pousse sous le premier lorsque la forme est préparée. Dans ce moment vous voyez que la forme est fixée sur le plateau inférieur, et qu'un ouvrier, à l'aide d'un rouleau couvert d'encre d'imprimerie, enduit tous les caractères, tandis qu'un autre fixe sur une pièce qui va se rabattre contre la forme, une feuille de papier légèrement mouillée. On abat la feuille sur la forme, et l'on pousse, à l'aide d'une manivelle, le plateau inférieur sous l'autre plateau que l'on fait descendre pour presser. On desserre, le plateau remonte, à cause d'un poids disposé à cet effet, puis on retire le plateau du dessous, ainsi que la feuille imprimée; on remet sur la forme de l'encre au moyen du rouleau, que l'on a soin de tenir toujours convenablement encré, et une nouvelle feuille est imprimée; ainsi de suite, jusqu'à ce que le nombre d'exemplaires soit atteint.

Vous voyez, mes enfants, que le plus long travail et le plus difficile est celui du compositeur; les autres travaux sont rapides et simples, si bien que dans quelques imprimeries ils se font à la mécanique.

Une fois les feuilles imprimées, on les fait sécher sur des cordes; puis un *assembleur* les réunit en en prenant une de chaque espèce pour former les ouvrages; des ouvrières plient les feuilles pour en faire des volumes.

Parlons maintenant un peu du *fondeur en caractères* : c'est celui qui est chargé de faire les types qui servent à imprimer. Le fondeur emploie des poinçons sur l'extrémité desquels le graveur a gravé une lettre en relief; c'est avec ces poinçons, en acier trempé, que le fondeur fait sa *matrice* ou moule, en imprimant la lettre en creux dans une planche en cuivre. D'autres parties viennent s'ajouter à la matrice pour composer le moule dans lequel le fondeur introduit l'alliage fondu.

Vous pouvez voir, à droite, le fourneau dans lequel se fond l'alliage composé de plomb et d'antimoine, quelquefois d'un peu d'étain. Il est d'ailleurs divisé en compartiments pour y placer des creusets; puis chaque fondeur puise dans son creuset avec une cuiller et verse dans le moule, après l'avoir préalablement chauffé. Dès que la coulée a eu lieu, il remue le moule en le secouant pour que l'alliage remplisse bien toutes les parties du creux de la matrice.

Questionnaire.

Quel est l'inventeur de l'imprimerie? — Quels sont les deux hommes qui l'ont aidé? — En quoi consiste la composition? — Qu'est-ce que le composteur? — Qu'est-ce que la forme? — Comment applique-t-on l'encre d'imprimerie? — Comment manœuvre-t-on la presse? — Qu'est-ce que l'ouvrier assembleur? — Quels sont les métaux qui entrent dans l'alliage des caractères d'imprimerie? — Comment fond-on les caractères?

L'IMPRIMEUR LITHOGRAPHE
ET L'IMPRIMEUR EN TAILLE DOUCE.

[Planche 40]

—

Le mode d'imprimerie dont je vous ai déjà parlé, mes enfants, s'appelle *typographie*, parce que c'est au moyen de types ou de caractères que l'on imprime. Il y a d'autres moyens d'imprimer, et je vais vous les faire connaître successivement.

Un Bavarois, nommé Senefelder, inventa, en 1799, un nouveau procédé, qui consiste à transporter sur le papier les dessins ou les écritures tracés avec un corps gras, sur une pierre calcaire à grain très-fin, et que l'on appelle *pierre lithographique*. Ce genre d'imprimerie s'appelle *lithographie*.

C'est dans la partie gauche de l'atelier que représente l'image, que l'on fait de la lithographie. Vous pouvez voir toutes les pierres rangées dans les casiers comme les livres d'une bibliothèque.

On choisit des pierres à grain très-fin; celles de Châteauroux sont très-bonnes pour l'écriture; celles de Munich en Bavière sont les meilleures pour les dessins. Ces pierres sont taillées sur deux faces; l'une, celle de dessous, reste brute, tandis que l'on unit l'autre avec une pierre ponce sans la polir. Cela fait, on écrit sur la pierre avec une plume d'acier trempé, et de l'encre grasse et liquide.

Lorsqu'il s'agit d'un dessin, on passe du sable fin sur la pierre en frottant un peu, de manière à rendre la surface un peu grenée. On dessine alors avec un crayon gras.

Lorsque l'écriture ou le dessin au crayon est terminé, on fixe l'empreinte en lavant la pierre avec une eau gommeuse légèrement acide, c'est-à-dire dans laquelle on a versé quelques gouttes d'une liqueur appelée *acide nitrique*. Cette liqueur pénètre la pierre en la rongeant un peu, et en même temps elle fixe les écritures ou le dessin, de manière que l'eau ne puisse pas en enlever l'empreinte; d'un autre côté, elle rend la partie non dessinée de la pierre très-perméable à l'eau, et incapable, au contraire, de retenir les corps gras. Vous allez voir dans quel but.

Pour imprimer, on place la pierre dans une espèce de caisse appelée *chariot*, dans laquelle on la maintient au moyen de coins ou de vis. On la mouille avec de l'eau, et l'on enlève ensuite les traits tracés à la plume ou au crayon avec de l'essence de térébenthine, qui a cette propriété particulière de faire disparaître l'empreinte.

On lave encore à l'eau pure la pierre avec une petite éponge ; la partie non dessinée retient l'eau à cause du premier lavage à l'eau gommeuse légèrement acide.

On prend alors un rouleau en cuir, enduit d'encre d'imprimerie, et on le passe plusieurs fois sur la pierre : la partie sur laquelle on n'a ni écrit, ni dessiné, est incapable de retenir les corps gras tels que l'encre d'imprimerie, tandis que celle-ci s'attachera, au contraire, sur les parties où aura passé la plume ou le crayon. Voici donc le but de toutes les préparations précédentes : c'est d'arriver à ce qu'en passant le rouleau, l'encre ne s'attache que sur les points où l'on avait écrit ou dessiné.

Cela fait, on place une feuille de papier blanc sur la pierre, après avoir rendu cette feuille humide pour que l'encre marque bien.

On recouvre cette feuille de papier, d'une autre feuille appelée *maculature;* puis on recouvre le tout d'un châssis en fer, garni de cuir bien tendu. On abat une pièce de bois que l'on applique et serre fortement sur le châssis de fer, et, au moyen d'une manivelle, on fait avancer le chariot qui entraîne la pierre avec lui et la fait passer sous le râteau presseur. Le but de cette opération est de presser la feuille contre toutes les parties de la pierre, de sorte que l'encre se reporte sur la feuille.

Regardez maintenant cette machine qui se trouve dans l'atelier, c'est la presse de l'imprimeur lithographe. Vous voyez bien l'homme qui est occupé à passer le rouleau d'encre sur la pierre. Vous voyez aussi, un peu en avant, le châssis en fer avec le cuir tendu, que l'on rabat par-dessus la feuille en le faisant tourner autour de sa charnière. La pièce de bois qui se trouve debout contre la table vis-à-vis de l'imprimeur, n'est autre chose que le râteau sous lequel, lorsqu'on l'aura rabattu, passera la pierre et le chariot, par le mouvement qu'un enfant donne à une manivelle.

Enfin, on enlève la feuille qui a reproduit très-fidèlement ce que l'on avait tracé sur la pierre. On relave la pierre avec de l'eau propre ; puis, après avoir repassé le rouleau, on replace une nouvelle feuille, et ainsi de suite, jusqu'à ce qu'on ait atteint le nombre d'exemplaires demandé.

C'est par ce mode ingénieux d'imprimerie que l'on a lithographié les jolies images que je vous explique en ce moment, seulement on les a mises en couleur après.

Passons maintenant à un autre genre d'imprimerie, celui dit *imprimerie en taille douce.* Il consiste à se servir de planches de cuivre gravées en creux à l'aide d'un burin ; ce travail regarde le graveur, qui apporte ses planches toutes prêtes à l'imprimerie. Tout consiste ensuite à remplir de noir les lignes creuses ou *traces* de la planche, et à presser une feuille de papier appliquée contre la planche.

Il y a deux moyens d'encrer la planche, au chiffon ou à la main.

Encrage au chiffon. Pour déposer l'encre sur

la planche et la faire pénétrer dans les tailles, on se sert d'un tampon de linge. On l'enduit d'encre, et l'on passe le tampon sur la planche, en le promenant de droite à gauche et de gauche à droite. L'encre étant un peu ferme, on facilite l'ouvrage en chauffant la planche au-dessus d'un petit brasier de poussier de charbon.

La planche étant ainsi garnie d'encre, il faut essuyer toutes les parties qui doivent rester blanches, pour qu'il ne reste d'encre que dans les tailles. On passe légèrement sur la planche un petit chiffon; on passe ensuite un peu d'eau de potasse avec un autre chiffon.

Encrage à la main. Il n'a lieu que pour les travaux délicats. On met l'encre avec le doigt, et l'on essuie les parties pleines avec la paume de la main.

La planche étant encrée, on procède au tirage: on place la planche de cuivre sur une tablette de bois; on applique une feuille humide contre la planche gravée, et l'on pose quelques linges au-dessus. Tous ces apprêts terminés, on passe la tablette de bois entre deux rouleaux en bois. Jetez les yeux sur la presse à droite, vous distinguerez les deux rouleaux, que l'on peut serrer plus ou moins; puis la manivelle, au moyen de laquelle l'imprimeur communique le mouvement.

On enlève la feuille imprimée, on recommence l'encrage, et ainsi de suite, autant de fois que l'on veut tirer d'exemplaires.

Derrière le presseur, vous pouvez apercevoir l'ouvrier qui est en train d'encrer une planche de cuivre avec un tampon.

Questionnaire.

Qui a découvert la lithographie? — De quelles pierres se sert-on pour lithographier? — Comment écrit-on sur la pierre? — Comment dessine-t-on? — Quelles sont les opérations successives que l'on fait subir à la pierre? — Comment la pierre est-elle faite? — Comment passe-t-on sous la presse? — En quoi consiste l'imprimerie en taille douce? — Comment encre-t-on les planches de cuivre? — Comment tire-t-on?

FIN

TABLE DES MATIÈRES

DES NOTIONS SUR LES ARTS ET MÉTIERS.

www.ingramcontent.com/pod-product-compliance
Ingram Content Group UK Ltd.
Pitfield, Milton Keynes, MK11 3LW, UK
UKHW021113200726
13857UKWH00003B/1224